别说你懂电视

BIESHUONI DONG DIANSHI

中国出版集团
现代出版社

目

录

目

录

● 电视发展史

从黑白电视到彩色电视，从有线电视到数字电视，从壁挂电视到3D电视，电视为我们创造着各种视听盛宴。但是对电视的好奇我们从小便有，为什么电视会说话？电视里的人是怎么进去的？那么多好看的节目是怎样制成的？下面，就一起走进电视"指南"吧！

7

电视的出现影响着我们的生活 >

电视的诞生，是20世纪人类最伟大的发明之一。电视自从诞生以来，在短短的几十年间，即以惊人的速度发展，以至于人们尚来不及充分地评估其价值时，它已经成为人们日常生活中一个不可缺少的组成部分。作为一种与社会生活和人们日常生活休戚相关的客观存在物，电视深刻地改变了人们的生活，它不但使人们的休闲时间得到前所未有的充实，更重要的是它加大了信息传播空度和信息量，使世界开始变小。

电视作为一种新的媒介因素加入社会，改变了印刷环境中的许多东西。仅就知识结构而言，在我们的童年，对世界混然不知，玩泥巴、踢毽子、抽陀螺、推铁圈等等就是我们的娱乐；而现在的孩子，尽管许多方面并不理解但是一眨眼就是电视节目和一系列的网上游戏，电视节目中的明星、全球重大的事件和人物，形象地留在了他们的脑海里，他们能够看到从北极到南极的一切，只不过二三十年的光景，我们童年时的游戏对下一代来说就像是非常遥远的古代的东西。这个世界的变化太快了，过去依赖于特定场所获取经验的情形，现在被电视改变了。

电视改变了人们获得信息的方式。现在，电视成为人们获取新闻的主渠道，

也成了人们获得商品信息的最重要渠道，正是通过电视的普及，人们才可能意识到似乎远离自己的伊拉克战争、环保、艾滋、毒品问题；人们从电视广告中了解到许多高新科技产品，电视广告使人们了解市场上许许多多最时兴的产品，帮助人们了解当今科技发展水平。电视还影响着人们"想什么"。正是电视，使得少数人群、弱势群体有了被关注的机遇并产生关注自身权利的意识。

电视影响着人们的行为。通过电视，人们有了更多的参照系和更高的比较标准，发现自己仿效和追求的目标。电视使人们有可能绕过自身所处的面对面交往环境，而直接获取外部世界的信息，得到精神和物质的援助。电视导致的最直接

9

的变化之一，莫过于人们的休闲方式的变化。电视的出现促成了休闲活动从社区性休闲方式向家庭性休闲方式的转变。在电视产生之前和电视机还是奢侈品的年代，人们的大量闲暇时间都花在与亲朋好友谈天说地，阅读图书、报纸、杂志、小说或听广播、打牌和户外活动等方面。随着电视机的逐渐普及、电视频道的增多和电视节目内容的不断更新，人们观看电视的时间也不断增多。据统计，目前我国城市观众平均每天收看电视的时间在2小时以上。

在现代社会里，没有电视的生活已不可想象了。各种型号、各种功能的黑白和彩色电视从一条条流水线上源源不断地流入世界各地的工厂、学校、医院和家庭，正在奇迹般地迅速改变着人们的生活。形形色色的电视，把人们带进了一个五光十色的奇妙世界。电视的发明深刻地改变了人们的生活，它不但使人们的休闲时间得到前所未有的充实，更重要的是它加大了信息传播速度和信息量，使世界开始变小。如今，电视已成为普及率最高的家用电器之一，而电视新闻、电视娱乐、电视广告、电视教育等已形成了巨大的产业。电视作为一项伟大的发明，给人类带来了视觉革命。

电视机的始祖——尼普可夫圆盘 ＞

俄裔德国科学家保尔·尼普可夫还在中学时代，就对电器非常感兴趣。当时正是有线电技术迅猛发展时期。电灯和有轨电车取代了古老的油灯、蜡烛和马车，电话已出现并得到了普及，海底电缆联通了欧洲和美洲，这一切给人们的日常生活带来了极大的方便。后来他来到柏林大学学习物理学。他开始设想能否用电把图像传送到远方呢？他开始了前所未有的探索。经过艰苦的努力，他发现，如果把影像分成单个像点，就极有可能把人或景物的影像传送到远方。不久，一台叫作"电视望远镜"的仪器问世了。这是一种光电机械扫描圆盘，它看上去笨头笨脑的，但极富独创性。1884年11月6日，尼普可夫把他的这项发明申报给柏林皇家专利局。在他的专利申请书的第一页这样写道："这里所述的仪器能使处于A地的物体，在任何一个B地被看到。"一年后，专利被批准了。

这是世界电视史上的第一个专利。专利中描述了电视工作的三个基本要素：

1.把图像分解成像素，逐个传输。2.像素的传输逐行进行。3.用画面传送运动过程时，许多画面快速逐一出现，在眼中这个过程融合为一。这是以后所有电视技术发展的基础原理，甚至今天的电视仍然是按照这些基本原理工作的。

1900年，在巴黎举行的世界博览会上第一次使用了电视这个词。可是最简单、最原始的机械电视，是在许多年以后才出现的。

11

贝尔德和机械电视 〉

一个偶然的机会，英国发明家约翰·贝尔德看到了关于尼普可夫圆盘的资料。尼普可夫的天才设想引起了他的极大兴趣。他立刻意识到，他今后要做的就是发明电视这件事。于是，他立刻动手干了起来。正是对发明电视的执z着追求和极大热情支持着贝尔德，1924年，一台凝聚着贝尔德心血和汗水的电视机终于问世了。这台电视利用尼普可夫原理，采用两个尼普可夫圆盘，首次在相距4英尺远的地方传送了一个十字剪影画。

经过不断地改进设备提高技术，贝尔德的电视效果越来越好，他的名声也越来越大，引起了极大的轰动。后来"贝尔德电视发展公司"成立了。随着技术和设备的不断改进，贝尔德电视的传送距离有了较大的改进，电视屏幕上也首次出现了色彩。贝尔德本人则被后来的英国人尊称为电视之父。

几乎同时，德国科学家卡罗鲁斯也

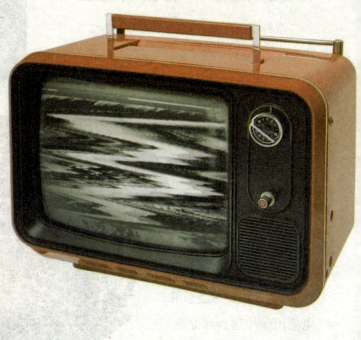

在电视研制方面做出了令人瞩目的成就。1942年，卡罗鲁斯小组（包括两名科学家，一名机械师和一名木工），造出一台设备。这台设备用两个直径为1米的尼普可夫圆盘作为发射和接收信号的两端，每个圆盘上有48个1.5毫米的小孔，能够扫描48行，用一个同步马达把两个圆盘连接起来，每秒钟同步转动10幅画面，图像投射到另一台接收机上。他们称这台机器为大电视。这台大电视的效果比贝尔德的电视要清晰许多。但是，他们从未进行过公开表演，因而他们的发明鲜为人知。不同国度的科学家几乎同时做出了类似发明，这充分说明了机械电视的发明是不以人的意志为转移的，它是人类在自然界面前拥有创造力的一个见证。

1928年，"第五届德国广播博览会"在柏林隆重开幕了。在这盛况空前的展示会中，最引人注目的新发明——电视机第一次作为公开产品展出了。从此，人们的生活进入了一个神奇的世界。然而，不能否认，有线的机械电视传播的距离和范围非常有限，图像也相当粗糙，简直无法再现精细的画面。因为只有几分之一的光线能透过尼普可夫圆盘的孔洞，为得到理想的光线，就必须增大孔洞，那样，画面将十分粗糙。要想提高图像细部的清晰度，必须增加孔洞数目，但是，孔洞变小，能透过来的光线也微乎其微，图像也必将模糊不清。机械电视的这一致命弱点困扰着人们。人们试图寻找一种能同时提高电视的灵敏度和清晰度的新方法。于是电子电视应运而生。

老式电视

现代电视机的雏形——电子电视 〉

1897年，德国的物理学家布劳恩发明了一种带荧光屏的阴极射线管。当电子束撞击时，荧光屏上会发出亮光。当时布劳恩的助手曾提出用这种管子做电视的接收管，固执的布劳恩却认为这是不可能的。

1906年，布劳恩的两位执着的助手真的用这种阴极射线管制造了一台画面接收机，进行图像重现。不过，他们的这种装置重现的是静止画面，应该算是传真系统而不是电视系统。1907年，俄国著名的发明家罗辛也曾尝试把布劳恩管应用在电视中。他提出一种用尼普可夫圆盘进行远距离扫描，用阴极射线管进行接收的远距离电视系统。特别值得指出的是，英国电气工程师坎贝尔·温斯顿，在1911年就任伦敦学会主席的就职演说中，曾提出一种令人不可思议的设想，他提出了一种现在所谓的摄像管的改进装置。他甚至在一次讲演中几乎完美无缺地描述了今天的电视技术。可是在当时，由于缺乏放大器，以及

存在其他一些技术限制，这个完美的设想没有实现。

俄裔美国科学家兹沃雷金，开辟了电子电视的时代。兹沃雷金曾经是俄国圣彼德堡技术研究所的电气工程师。早在1912年，他就开始研究电子摄像技术。1919年兹沃雷金迁居美国，进入威斯汀豪森电气公司工作。他仍然不懈地进行电子电视的研究。1924年兹沃

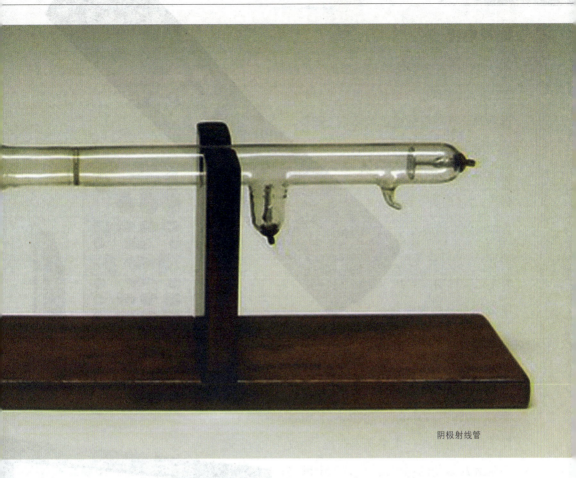

阴极射线管

雷金的研究成果——电子电视模型出现。

　　兹沃雷金称模型的关键部位为光电摄像管，即电视摄像机。遗憾的是，由于图像暗淡，几乎同阴影差不多。1929年矢志不渝的兹沃雷金又推出一个经过改进的模型，结果仍然不很理想。美国的ARC公司最终投资了5000万美元，1931年兹沃雷金终于制造出了令人比较满意的摄像机显像管。同年，进行了一项对一个完整的光电摄像管系统的实验。在这次实验中，一个由240条扫描线组成的图像被传送给4英里以外的一架电视机，再用镜子把9英寸显像管的图像反射到电视机前，完成了使电视摄像与显像完全电子化的过程。

遥控电视 〉

为了使观众能够跳过讨厌的广告时间，Zenith无线电公司激励员工发明电视遥控器。第一代电视遥控器叫"懒骨头"，作为有线遥控器，其可以控制电视机的开关和"顺时针"、"逆时针"两个方向的频率调谐。然而，"懒骨头"并不是很成功，因为电缆线容易绊倒观众。首个无线遥控器是1955年Zenith无线电公司的工程师Eugene Polley发明的"闪光助手"，采用光电感应技术，白天使用经常出错。1956年，Zenith公司的Robert Adler博士改用超声波技术来实现遥控，并成为延续20多年的主导设计。直到上世纪80年代初，遥控器才改用红外技术。

上世纪70年代无线遥控器的大规模推广应用极大地改变了电视观众的收视行为，人们可以在不同频道之间浏览切换，这迫使电视运营商改变电视节目和商业广告的编排和设计方式。20世纪90年代以来，随着融合业务的发展，遥控器被重新定义为导航工具，成为互动服务的必要配置。

电视业的精彩亮相 ＞

随着电子技术在电视上的应用，电视开始走出实验室，进入公众生活之中，成为真正的信息传播媒介。1936年电视业获得了重大发展。这一年的11月2日，英国广播公司在伦敦郊外的亚历山大宫，播出了一场颇具规模的歌舞节目。这台完全用电子电视系统播放的节目，场面壮观，气势宏大，给人们留下了深刻的印象。对同年在柏林举行的奥林匹克运动会的报道，更是年轻的电视事业的一次大亮相。当时一共使用了4台摄像机拍摄比赛情况。其中最引人注目的要算佐尔金发明的全电子摄像机。这台机器体积庞大，它的一个1.6米焦距的镜头就重45千克，长2.2米，被人们戏称为电视大炮。这4台摄像机的图像信号通过电缆传送到帝国邮政中心的演播室，在那里图像信号经过混合后，通过电视塔被发射出去。柏林奥运会期间，每天用电视播出长达8小时的比赛实况，共有16万多人通过电视观看了奥运会的比赛。那时许多人挤在小小的电视屏幕前，兴奋地观看一场场激动人心的比赛的动人情景，使人们更加确信：电视业是一项大有前途的事业，电视正在成为人们生活中的一员。

17

中国第一台电视机 〉

1900年，英国人康斯坦丁—帕斯基在为国际电联会议起草的报告中，第一次正式使用"电视(television)"一词，而真正的电视在当时只能是人们久存于心中的梦想了。

1925年，拜尔德在英国成功装配世界第一台电视机，当时人们也没有料到它会成为20世纪最伟大的发明，我们这个时代的宠儿。从此，这当初被称为"破玩意儿"的黑匣子紧随着战争与和平，胜利的鲜花和失败的葬礼，甚至在这黑匣子里出现教堂和牧师的同时，也响起了悠扬的赞美诗和温馨的安魂曲。现在，没有什么媒体比电视更引人注目，它作为家庭和整个世界联系的纽带，深深地影响着人们的社会存在和生活行为。

1958年3月17日，是我国电视发展史上值得纪念的日子。这天晚上，我国电视广播中心在北京第一次试播电视节目，国营天津无线电厂(后改为天津通信广播公司)研制的中国第一台电视接收机实地接收试验成功。

　　这台被誉为"华夏第一屏"的北京牌820型35cm电子管黑白电视机，如今摆在天津通信广播公司的产品陈列室里。我国在1958年以前还没有电视广播，国内不能生产电视机。1957年4月，第二机械工业部第十局把研制电视接收机的任务交给国营天津无线电厂，厂领导立即组织试制小组，黄仕机主持设计。当年，试制组多数成员只有20岁上下，他们对电视这门综合电、磁、声、光的新技术极其生疏，没有见过电视机，参考资料也很少，通过对资料、国外样机、样件的研究，他们根据当时国内元器件生产能力和工艺加工水平，制定了"电视接收和调频接收两用、通道和扫描分开供电、采用国产电子管器件"的电视机设计方案。

　　我国第一台电视机的试制成功，填补了我国电视机生产的空白，是我国电视机生产史的起点，今天我国已成为世界电视机生产大国。

　　中国第一台电视机1958年3月由天津无线电厂试制成功。为了纪念这台电视机的诞生，它被命名为"北京"。

 世界电视日

　　20 世纪 90 年代，电视在世界各地迅速普及，电视的非凡影响力日益受到人们的关注。1996 年 11 月 21 日至 22 日，由联合国新闻部、意大利外交部和意大利电视台共同举办的首届世界电视论坛在纽约联合国总部举行。会议就电视在国际事务中应发挥的作用进行了探讨，与会代表还建议设立世界电视日。同年 12 月 18 日，第 51 届联大通过决议，将首届世界电视论坛召开的日子 11 月 21 日确定为"世界电视日"，以此促进世界传媒事业的发展，引导电视产业为促进世界和平和人类社会发展发挥积极作用。该决议呼吁开展全球电视节目交换活动，并强调这些节目应该"特别关注和平与安全、经济和社会发展以及加强文化交流等问题"。此后联合国新闻部每年都在"世界电视日"前后在联合国总部举办"世界电视论坛"。

● 电视的工作原理

电视机是怎样工作的 ＞

　　全电视信号经天线接收后，首先进入高频调谐器内（俗称高频头），经过高频放大和变频后，形成统一频率的中频信号，送入图像中频放大电路。由于电视机采用超外差式内载波的形式（如同我们常见的超外差式收音机一样），将不同频率的信号转化成标准的中频信号，这就为电视机的稳定工作和调整方便提供了必要条件。全电视信号（包括图像、伴音、同步信号）经过图像通道的三级中频放大后，再经视频检波器进行检波，取出图像、伴音信号，分别送往视频放大电器

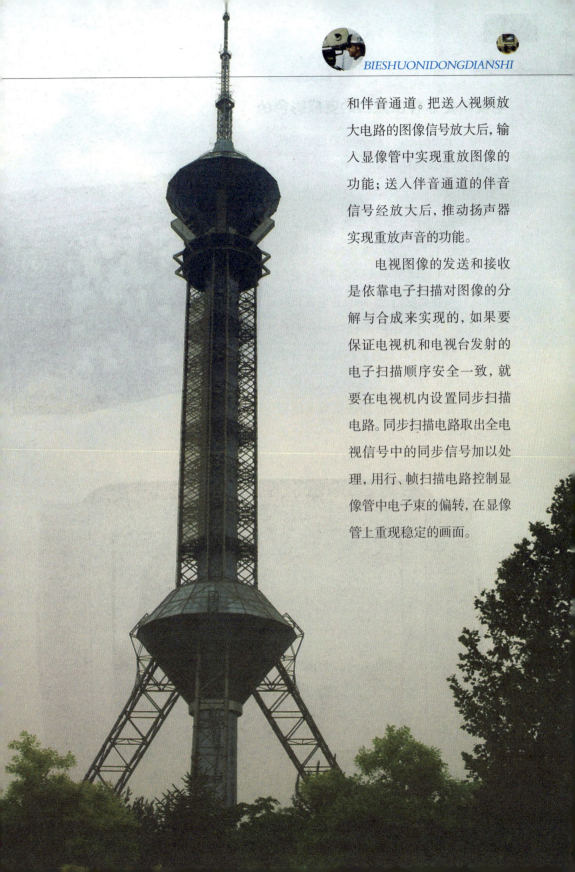

和伴音通道。把送入视频放大电路的图像信号放大后，输入显像管中实现重放图像的功能；送入伴音通道的伴音信号经放大后，推动扬声器实现重放声音的功能。

电视图像的发送和接收是依靠电子扫描对图像的分解与合成来实现的，如果要保证电视机和电视台发射的电子扫描顺序安全一致，就要在电视机内设置同步扫描电路。同步扫描电路取出全电视信号中的同步信号加以处理，用行、帧扫描电路控制显像管中电子束的偏转，在显像管上重现稳定的画面。

电视机是怎样由黑白的变成彩色的 ﹥

　　由于历史的原因，在发明彩色电视机时，黑白电视机已经在社会上广泛使用，为了够利用原有的设备系统，只能使彩色电视信号与黑白电视接收方式兼容。

　　彩色电视机与黑白电视机的扫描标准、带宽特性和调制形式完全相同。黑白电视机只接收亮度信号；而彩色电视机除接收亮度信号外，还要接收两个色差信号，在电路中除设有彩色解码器以及所需的特殊功能电路外，其他电路形式与黑白电视机大致相同。另外，重放图像要使用彩色显像管及其附属电路。

彩色电视机的色解码电路是还原彩色图像的重要部分,它由亮度通道、色度通道和解码矩阵电路组成。全电视信号通过解码器后,分解成亮度和色度两种信号,然后将色度信号中的色差信号解调出,再与亮度信号共同通过矩阵电路运算,得出红、绿、蓝三个基色信号,送入彩色显像管中来重现彩色图像。

另外,在彩色电视机上还有一些特殊功能电路,如录像与电视的转换开关、X射线保护装置、红外线遥控接收与发射的功能。

显像管

什么是显像管 〉

显像管是一种电子(阴极)射线管,是电视接收机监视器重现图像的关键器显像管剖视图件。它的主要作用是将发送端(电视台)摄像机摄取转换的电信号(图像信号)在接收端以亮度变化的形式重现在荧光屏上。为了高质量地重现图像,要求显像管屏幕尺寸要大,图像清晰度要高,荧光屏有足够的发光亮度。此外对不同用途的显像管有各种具体要求。

- 显像管分类

- **黑白显像管**

　　黑白显像管是一种显示黑白图像的电真空器件，一支标准黑白显像管从外形上可分管颈、圆锥和屏幕三个部分。

　　(1) 管颈：内部装有电子枪，包括发射电子的阴极、控制电子发射量的控制极、加速电子形成电子束的第一阳极和第二阳极、使电子束聚焦在荧光屏上的第三阳极等。电子枪内的电子分布近似光学的透镜系统，故称为"电子光学系统"。

　　(2) 圆锥体：它的内壁和外壁都涂有

导电的石墨层，内壁与第二阳极相连，内外之间形成一只电容，可吸收二次电子和对第二阳极起高压滤波作用。此外石墨层还可以遮挡来自显像管后部的杂散光线，扩大显像管的偏转角，使圆锥部分缩小，这样显像管的厚度就会变薄。

　　(3) 荧光屏（屏幕）：显像管前面内壁玻璃表面涂有一层薄薄的荧光粉，当电子枪发射的电子束打到它上面时荧光粉就会发光，这部分叫作荧光屏。它的发光颜色

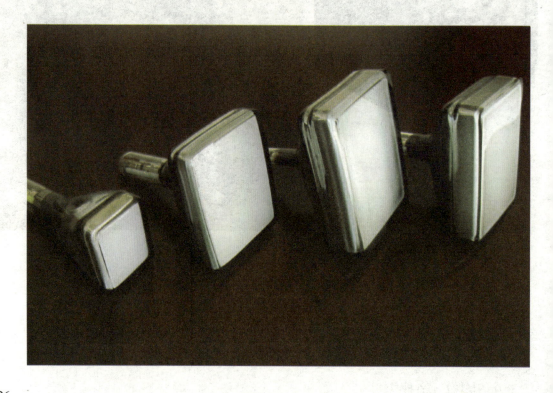

有蓝白、黄白和灰白等几种，电子束停止作用后，荧光屏发光经过一段时间才会消失，这叫作"余辉"，一般电视显像管的余辉时间属中短余辉。为了减少光晕和光反射影响对比度的下降，显像管的管面采用烟灰色玻璃。为了防止电子射线中的负离子对荧光屏中心的轰击造成荧光膜的损坏和提高屏幕亮度，现代显像管均采用金属化荧光屏。

(4) 图像的扫描过程：为了实现电子束的扫描，在显像管的根部装上偏转线圈，当线圈中有和发送端扫描同步的锯齿波电流分别流过场、行偏转线圈时，电子束会控制荧光屏上的光点上下左右移动，此时图像视频信号加到显像管的控制极 (G) 上，使电子束发生强弱变化，即荧光屏上的光点亮度变化，从而显示出与发送端相同的黑白图像。

• 彩色显像管

彩色显像管是彩色电视机中的关键器件。它的结构、原理与黑白显像管相似，但比黑白显像管复杂得多，而且荧光屏显示彩色图像。

(1) 彩色显像管的种类和特点：彩色显像管分荫罩色点式三枪三束管、障板色条式单枪三束管、长方槽形障板色条式三枪三束管和单枪三束管几种。

① 荫罩色点式三枪三束彩色显像管：装有与显像管管轴成 1° 倾斜角，并相互对称成 120° 排列成等边三角形"品"字状的三支电子枪，分别发射红 (R)、绿 (G)、蓝 (B) 三条电子束。与黑白管不同，在三支电子枪内部都有一个与二、四阳极相连的第三阳极（会聚极），能受外部磁场影响调节会聚。荧光屏由涂有近 100 万组

聚在障板隙缝处交叉后射到各自对应的色条上，出现了 70—80 万组色点，使荧光屏呈现一幅彩色图像。

(2) 彩色显像管的新种类

①高分辨率显像管：通过缩小调制极电子束孔和增加荫罩板的孔（槽）数量来提高分辨率；

②穿透式显像管：由于去掉了荫罩板，故抗振动、抗冲击性能特别好。

由 R、G、B 三基色组成的荧光粉点（色素）的球面状屏面和距离它 15mm，上有近似 1/3 荧光点数量小孔的球面薄金属钢板（荫罩板）组成。电子束经过会聚才能通过小孔打到相应的各自荧光点上，不会出现染色和混色现象，使我们看到的是一幅彩色图像。

②障板色条式单枪三束彩色显像管：它与荫罩色点式三枪三束管内部显像管原理结构完全不同。装有按 R、G、B 顺序一字形水平排列、三组独立的由灯丝、阴极、控制极组成的电子枪，其余由第一阳极，第二、四阳极，第三阳极和两对作会聚用的金属偏转板组成的公共的枪体。荧光屏由按 R、G、B 顺序排列成 1200—1500 条荧光粉条和刻有 400—500 条金属丝缝的栅栏状钢板组成，障板每一缝隙与荧光粉条对应，形状相同呈柱面形，同理，电子束经过会

高分辨率

29

• 显像原理

在电视接收机中，由视放末
级把经过放大的视频图像信号送
到显像管阴极，用以控制电子束
电流的强弱，从而重显图像。如
果图像信号是与静态电压同时加
在显像管的 G、K 之间的。下面
利用线性化后的显像管调制曲线
来分析加入图像信号后束电流的
变化，以及显像管显示图像与调
制曲线的工作关系。

30

电视遥控器 〉

电视机遥控器是一种用来远控机械的装置。现代的遥控器，主要是由集成电路电板和用来产生不同讯息的按钮组成。内装有一个叫"中央处理器"，英文叫CPU，它是电视机的电脑，CPU在制造时就将电视机各种菜单密码信息输入其中，电视机的遥控发射器只要发出与之对应的密码就可以实现电视机的遥控了。

电视遥控器主要依靠集成电路（也被称为芯片）来发送指令，该芯片采用了18针双列直插式封装（双列直插式封装缩写为DIP）。在芯片的右边，您可以看到一个二极管、一个晶体管（黑色，有三根管脚）、一个共振器（黄色）、两个电阻（绿色）和一个电容（深蓝色）。在电池接点旁边还有一个电阻（绿色）和一个电容（褐色的小圆片）。在这个电路里，芯片能够检测到什么时候有按键被按下。然后，它采用类似莫尔斯电码的形式对按键信息进行编码，每个按键的编码都各不相同。芯片会将这些信号发送到晶体管进行放大处理，使信号增强。

● 电视家族

自从全电子电视出现以来，电视家族迅速兴旺发达起来。电视机的数量急剧增长，电视机的形状变得五花八门，电视机的功能也越来越全面。可以毫不夸张地说，令人目眩的新型电视机正以铺天盖地之势源源不断地涌向人们的生活中。在这电视机的洪流中，电子录像、卫星传播，以及各种新媒体更是备受人们的青睐。

有线电视 〉

　　有线电视cable television,也被译为电缆电视,是通过电缆或者光缆组成的分配系统,将节目信号直接传送给用户的一种电视传播方式。它是集节目组织、节目传递及分配于一体的区域型网络。

● **有线电视的特点**

　　1.高质量的图像接收

　　2.传输频道增多,节目内容丰富

　　(1)扩大传输系统的频带宽度,提高网络的截止频率。

　　(2)采用邻频道传输技术。

　　(3)利用广播电视频道的空余,增设有线电视增补频道。

　　3.有线电视广播系统是一种费用较低的广播电视传输覆盖系统。

　　4.双向传输,多种用途。

电子录像 〉

金斯伯格和安德逊1956年设计制作的Modoll VRllo录像机的问世，使电视技术向前迈进了一大步。

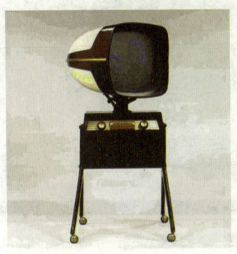

以前，人们制作电视节目一般采用两种方式。一种是用电视胶片把节目拍摄下来，冲印，再通过电子扫描播出。采用这种方法最大的缺陷是无法进行电视节目的实况转播。另外一种是用摄像机直接把信号播出去。这虽然满足了那些希望目睹现场情景的观众的需要，但是它不能记录和重放，失去了作为资料的历史价值。可见，以往的制作方法都有一种无法克服的缺憾。录像机的出现完全改变了这种状况。有了录像机，人们可以丝毫不受时间和空间的限制，把在纽约制作的节目带到世界各地播放，让人们同享欢乐。

1972年，日本索尼公司推出一种3/4英寸的盒式磁带，从根本上改变了电视节目的制作方法。这种盒带看起来普普通通，非常小巧，它却是世界上第一个专业彩色录像放映系统。时至今日，录像技术如雨后春笋般发展起来。黑白、彩色、提式、盒式、各种型号和功能的录像机争奇斗艳，画面、声音、清晰度也越来越好。

卫星传播 >

1960年8月12日，在熊熊的烈焰中，又一枚火箭腾空而起，将一颗用于通信的卫星送入了广袤的太空。尽管这颗卫星只是一个巨大的金属球，只能用于反射无线电信号，但是它开创了卫星通讯的先河。随着"信使者"及"电星"1号卫星成功升入太空，进入地球轨道，卫星通讯进入实用阶段。

随着通信卫星的出现，电视的传播速度更快了。通过实况转播，各种世界性的体育盛会和重大科技信息转眼之间传遍整个世界，电视传播的范围更广大。1982年有140多个国家的百余亿人次在电视中看到了世界杯足球赛的比赛实况，观看人数之多是前所未有的，电视传播的地域界限缩小了。从1965年到1980年，国际通信卫星组织共发射了5颗国际通信卫星，完全实现了全球通信。可以毫不夸张地说，通信卫星加强了人们的社会交往和相互了解。在高悬于太空中的通信卫星的照耀下，地球仿佛变小了，"全球村"时代来临了。

卫星电视

新媒介 〉

　　家庭录像、电缆电视、卫星直播电视、多功能电视等新媒介的出现，带来了电视发展的一个新的潮流——由公共媒介向家庭媒介转变。

　　自从1/2带宽的家用录像机于1975年首批投放市场以后，家用录像事业以不可阻挡之势发展起来。有了录像机，人们可以更自由地随时随地观看自己喜欢的电视节目，而不再受制于电视台的时间表。人们有事外出而看不到想看的节目时，可以利用录像机的定时装置把它录下来供人们欣赏。录像机也可用来存储资料和指导学习。当人们有兴趣时，还可以用家用摄像机拍下自己外出旅游、生日宴会和家庭节日聚会的情景，留作未来的回忆。

　　人们总希望能在电视中轻易地看到自己所喜爱的节目，有选择地收看某些节目。迎合这种心理，有线电视应运而生。有线电视一反过去电视节目大众化的作法，实行窄播传递，提供专门的娱乐节目频道、儿童节目频道、体育和新闻节目频道等满足部分观众的需要。

　　到1980年，美国已有近1万个电缆电视系统，电缆电视用户近500万户，占家庭总数的52%。有线电视进入人们的日常生活之中，成为无线电视的强大竞争对手。

多功能电视 〉

　　自从1949年第1台荫罩式彩电问世以来，短短几十年，电视获得了惊人的发展。从电子管电视、晶体管电视迅速发展到集成电路电视。目前，伴随着微电子和计算机技术的突飞猛进，电视正在向智能化、多功能和多用途化迈进。

　　如今的电视不仅用于收看电视节目，同时又可以是家用计算机、电子游戏机并可以预制录像带。人们不仅利用电视消息，而且可以通过卫星和电视进行遥感式诊病，使用家用电视控制家里的电器，进行电视报警、购物、记录、学习等等。此外，立体声电视、

超大屏幕电视、高清晰度电视、激光视盘、家庭数据库等也不断地发展起来。也就是说，现代电视已经从一种公共媒介的收看工具，变成了包含众多信息系统的家庭视频系统中心。

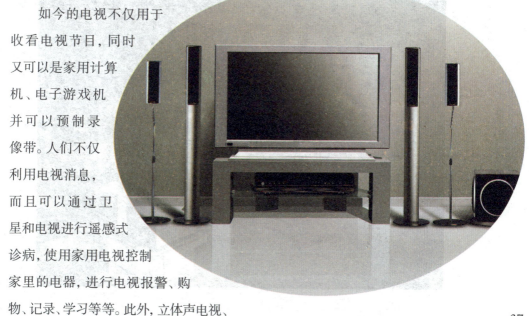

● 电视节目的制作

电视节目是怎样制作出来的 〉

　　电视节目指电视台各种播出内容的最终组织形式和播出形式，它是电视传播的基本单位；是电视台或社会上制作电视节目的机构（如电视广告公司、电视文化传播公司、影视制作公司等）为播出、交换和销售而制作的表达某一完整内容的可供人们感知、理解和欣赏的视听作品。电视台通过载有声音、图像的信号传播作品的节目。电视节目制作主要分成三个过程：创意与选题、拍摄、后期制作。编辑属电视节目后期制作系统，主要有线性编辑与非线性编辑系统两个发展阶段。

● 电视节目制作

一、线性编辑系统

即基于磁带的电子编辑。其根本特点是：素材的搜索、录制必须按时间顺序进行，需反复前后卷带以寻找素材，因此较麻烦、费时间、易损坏磁带、损失图像质量，并且限制了艺术创作思路，需多人操作且要协调好各设备的匹配问题。其大致经历了3个发展阶段：

1. 物理编辑：由1956年美安培公司生产第一台2英寸录像机开始，但对磁带的损伤是永久的，且编辑点精确。

2. 电子编辑：1961年后，出现了一对一编辑系统，但精度仍不够高。

3. 时码编辑：1967年由美国电子工程公司研制，应用了预卷，较为精确，但多次复制造成的磁带上信号的损失也无法彻底避免。

二、非线性编辑系统

非线性编辑是使用数字存储媒体进行数字音视频编辑的后期制作系统。有如下特点：

1. 是在计算机技术的支持下，充分运用数字处理技术的研究成果，以低成本、高效率、高质量、效果变换无穷的姿态进入了广播电视领域，对传统的线性编辑工艺造成了极大冲击。

2. 所谓非线性，即能随机访问任意素材，不受素材存放时间的限制，且一套非线性编辑系统可以实现线性编辑设备的几乎所有功能：以计算机为平台配合专用图像卡、视频卡、声卡、用某些

专用卡（如字幕卡、特技卡等）和高速硬盘（SCSI），以软件为控制中心来制作电视节目。

3. 其制作过程：首先是把来自录像机和其他信号源的音、视频信号经过视频卡、声卡进行采集和模数（A/D）转换，并利用硬件如压缩卡实时压缩，将压缩后的数据流存储到高速硬盘中。接着，利用编辑软件对素材进行加工，做出成片。最后高速硬盘将数据流送到相应板卡进行数字解压及（D/A）转换，还原成模拟音、视频信号录入磁带。

• 电视节目后期制作

按照编导和电视节目剧本（或分镜头脚本）的要求，将前期采录的节目素材资料进行编辑组合、制作"片头"和"片尾"、叠加字幕、配画外音等艺术处理，以达到播出要求的过程。后期制作是在制作中心机房完成的。制作中心机房的技术设备包括视频切换机、视频特技发生器、录像机（一般在2—3台以上）、字幕机、编辑机、监视器、同步机、视频信号分配器以及音响设备等。利用这些设备可以进行画面组合和画面的特技艺术处理。

41

• 电视节目中声音的运用

声音具有丰富的表现力，尤其是它与适当的画面结合在一起的时候，经常是声音赋予了画面真实性。电视节目中的声音尤其重要。同样一种声音跟不同的画面结合，会产生不同的效果。电视节目声音方面的完美创作，可使节目达到新的境界、新的高度，能给人以完美的艺术感受，从而加深节目印象，达到目的。电视节目中的声音包括三部分：一是电视解说词，二是音响效果，三是配乐。

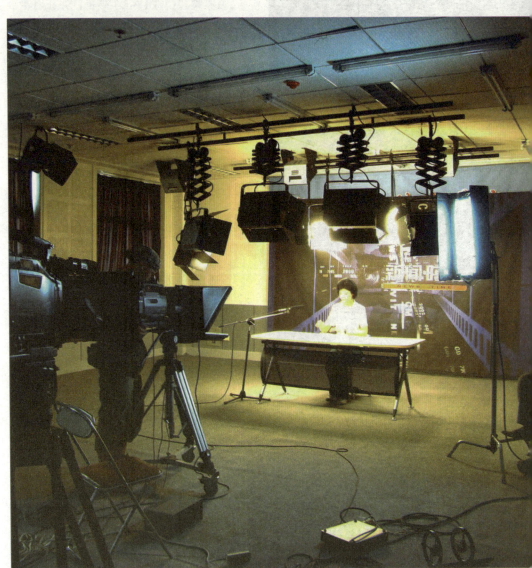

• 电视解说词

解说词是电视节目的重要组成部分，好的解说词可使电视节目锦上添花。其具体作用表现在以下几个方面：

1. 可使电视具有完整叙事能力。有时电视画面对一些追忆过去、展望未来的内容或人的思想活动或事件的历史背景等，都是画面所不能表达的。这时应用解说词却轻易做到了电视画面难以做到的事，它赋予画面确定的含义，使电视具有完整的叙事能力。

2. 有助于电视叙事方式的精炼和集中。有时要完整地叙述一件事情，从头到尾将它拍下来是绝对办不到的，这时可运用解说词，一句话就可表达很多信息，就可一下子把时空转移。这样，电视画面就能赢得宝贵时间去表现更重要的内容，从而使电视能够更加简练、集中地进行叙述。

3. 可以使画面更加自然、真实。有些画面属于中性的，没有感情色彩，但加上解说词，却可以创造某种情调、气氛，使画面真实自然。

4. 可克服画面局限，揭示深层主题。电视画面对于内在的、精神的、抽象的东西往往无能为力，这时运用解说词可以将纯粹的精神世界作为直接描写对象，揭示事物内在的、深层的意义。

摄影棚与演播室 >

　　摄影棚是电影制片厂中拍摄内景的最主要的生产场所。不同的经济体制、社会环境与生产条件可能形成不同形式、规模的摄影棚。早期的摄影棚只是一个仅有顶棚和棚架、四面漏空的"大棚子"，"摄影棚"名称由此而来。

演播室

- 摄影棚内主要设施

- 工作顶棚

　　它为搭景、照明、电力分配和吊装等工作提供条件，是摄影棚重要的构成部分。最原始的摄影棚仅于屋架下弦临时需要的位置加装木方，以备悬挂灯板、固定布景、吊装道具之用。由于操作人员高空作业，很不安全。其后逐渐在屋架内或屋架下设置天桥。天桥有纵向设置、横向设置及纵横双向设置几种，并设有防护栏杆，以求安全。但天桥与天桥之间仍有空当栅式（或条栅式）顶棚，使整个顶棚内成为到处可以进行各项工作的工作台，从而使搭景、照明等工作更为灵活、有效、迅速、安全。天桥和栅顶可为木制，结构轻巧、成本较低，也可承重，最主要的是它可以非常迅速而有效地用简单的方法将布景固定在木质支架上，但防火性能较差。它亦可为钢制或钢筋混凝土制，坚固、耐火、承重较大，但自重较大，无法用钉固定布景，使用金属连接件既费事又不灵活。天桥上起重一般使用可沿轨道移动的电动吊车；栅顶则用轻便电动绞车，但不能沿着轨道移动。

• 灯板与灯板架

在电影摄影照明中，灯板和灯板架在广泛使用，吊杆灯和悬吊管架式吊灯使用较少。灯板是放置灯具的平台，而灯板架是悬挂灯板的器具。灯板以木制的居多，可用几块木板拼搭，也可用整块成形灯板，其四角由灯板架悬挂在天桥或栅顶上。灯板架可用刚性金属条或木条，也可用柔性的绳索、钢丝索、铁链等。刚性灯板架易于固定，可减少晃动；柔性的则易于调整位置。随着科学技术的发展，照明器材的重量在减轻，新的光源也开始使用，但操作方式通常依旧是人工。因为可遥控的能转动、俯仰、升降、移动的伸缩吊杆系统往往难以调整到所需要的准确位置和角度上，而且造价昂贵、维护复杂，很不实用。照明所用电力配置系统大部分设在天桥或栅顶上，以减少场地的拥挤。灯光的开启和关闭等可适当地使用遥控设备。

• 演播室

演播室是利用光和声进行空间艺术创作的场所，是电视节目制作的常规基地，除了录制声音外，还要摄录图像。嘉宾、主持及演职人员在里面进行工作、制作及表演。因此，除了必要的摄录编设备外，它必须具有足够的声、光设备和便于创作的条件。

按面积分类：分为大型（800—2200㎡）、中型（400—600㎡）、小型演播室（100—300㎡）。

大型演播室用于场面较大的歌舞、戏曲、综艺活动等节目，也可分区域进行景区选择。中型演播室用于场面较小的歌舞、戏曲、智力竞赛及座谈会等。小型演播室以新闻、节目预告、样板式教学节目为主。中国电视节目制作基地——星光影视园是我国唯一的国家级电视节目制作基地，里面配置有各种规格的广电级别演播室。

　　按景区分类：分为实景演播室、虚拟演播室、蓝箱演播室，随着科技的发展，演播室的类别也细分的越来越多，目前还出现了 LED 演播室、3D 演播室等等。中国电视节目制作基地——星光影视园研发的 LED 光源演播室和 4D 虚拟演播室，在演播室行业已经取得了突破性的成绩，节约能源 80%，而且视觉呈现效果远远超过了传统的演播室效果。

导演是干什么的 〉

　　导演是排演戏剧或影视片的时候，组织和指导演出工作担任导演工作的人，是用演员表达自己思想的人。作为影视创作中各种艺术元素的综合者，导演组织和团结剧组内所有的创作人员、技术人员和演出人员，发挥他们的才能，使众人的创造性劳动融为一体。

• 电视节目编导与电影导演的区别

电影导演的职责是根据剧本进行艺术构思，拟订艺术处理方案和导演计划，组织和指导排练或拍摄，经过演员和有关人员的创作实践，把剧本的内容体现为具体的舞台、银幕形象，人员的创作实践，把剧本的内容体现为具体的舞台、银幕形象，达到预定的演出目的。

电视节目编导则是指电视纪实作品的最主要的创作核心工作。 具体是指从现实生活中选取有价值的题材进行策划、采访、制定拍摄提纲、组织拍摄、编辑制作，最后对作品进行把关检查的系统性创作活动。

• 电视编导不简单

电视编导的工作得做到既"广"又"专"，既"快"又"好"。"广"指编导的电视节目，题材会涉及社会生活的各个方面；体裁又可能是新闻、纪录、专题甚至晚会或是电视剧；人事上不仅要领导好自己的摄制组，还得和社会各个方面打交道；经济上常常要自己理财，不仅会花钱，还得会筹集钱 和回收钱。"专"则指既要懂得电视摄制的每一环节，懂行调配方方面面的人力物力，更要懂得所拍摄电视片的"题材"与" 体裁"的艺术规律。"快"是说摄制的电

视节目，不仅要讲求内容的时效性，制作也要讲求速度与效益，绝不能给播出"开天窗"。"好"则是主题上有开掘，形式上有新招，风格上有新意。

由此可见，想成为一个优秀的电视编导是很难的，恐怕比成为一个优秀的电影导演要难得多。

现场直播是怎么回事 〉

现场直播是指在现场把新闻事实的图像、声音及记者报道、采访等转换为广播或电视信号直接发射的即时播出方式，就新闻事件来说，它既是报道方式也是播出的节目。

1.广播电视节目在播音室或新闻现场，不经过录音录像，直接向听众、观众播出的播出方式。最大限度地克服了时间和空间的限制，便于发挥广播电视的优势。与录音、录像播出相比，时效性更强，受众身临其境的现场感与参与感强。常用于重大会议、节日庆典活动、体育比赛、知识竞赛、文艺演出等活动的报道。

2.现场直播又称实况转播。是电台、电视台对一些重要新闻事件或大型活动进行现场拾音、拍摄并同时发送给受众的播出方式。这些大型活动如文艺演出、体育比赛、节日庆典等，通常都是预知的。电台、电视台将转播车开到现场，对节目信号进行即兴处理后传送回台，再经台里的发射系统广播出去。需要对现场进

行报道或解说时,记者通常是在现场进行。

3.在现场随着事件的发生、发展进程同时制作和播出广播、电视节目的播出方式。现场直播脱离了播音室和演播室,在新闻或其他事件现场,随着事件的发展,把现场图像、音响和现场解说组合成节目,并同时播送出去。现场直播要求采、编、播系统密切有效地进行合作。电视现场直播在报道事件全过程时,一般需配备转播车,车内配备视频切换。

1. 满足了观众的好奇心理。在这方面，电视与广播和报纸是不同的，电视通过图像和声音，展现的是真实的场景，不需要观众进行联想，而广播和报纸通过声音和文字影响受众，受众则需要联想，这两种差别所造成的结果是不同的。

2. 满足了观众的参与性。这种参与性也可以说是互动性。在所有节目中现场直播是最能体现传收双方互动的形式之一。电视现场直播气氛浓烈，真实感强，最容易引起观众的参与意识。现在谈话节目、游戏节目、竞赛节目火爆，既是观众踊跃参与的成果，

也体现观众对电视节目参与的热情。

3. 激发了集体想象力和集体情绪。现场直播的内容一般比较重大，观众注意程度高，收看人数众多，因此从某种意义上来说是一种集体行为，有某种集体凝聚力。这种集体情绪在社会心理学中称为感染。

4. 具有强烈的现场感。在现场直播中，除了进行视频的转播外，还有记者在现场的报道，记者把在现场通过五官体验到的感觉传达给观众，使观众也能获得在现场一样的感觉。在这个过程中，观众会依据以往的经验进行联想和想象，把自己所有的经验积累进行提取和

综合，形成身临其境的感受。由于现场直播的真实感比较强，因此与其他媒体和其他播出方式相比，观众更倾向于通过现场直播来修正自己以往的经验和知识，甚至对社会的刻板印象。

5. 满足了受众迅速获得信息的需要。日本学者在一项研究中称现代社会中存在着"信息缺乏恐惧征候群"。这是指一些具有较高的文化程度、比较理想的职业、比较稳定的社会地位的人群，他们因为害怕后于社会发展而重视各种信息、不放过任何可以获取信息的机会，主动地接触一切有助于获取信息的媒介，不断地获取信息也成为他们保持社会地位、与社会生活的发展保持同步的一种手段。而现场直播传递信息的快速、准确，成为这种人群获取信息的重要手段。

电视编剧 〉

电视编剧，也就是为电视剧编写剧本的人。个别在电视台工作的编剧，则是对综艺、报道等节目进行编排。电视台的编剧培训往往为3个月，而要培养一个资深编剧，往往需要三至四年的时间。如果领悟力低的话，时间可能会更长。

编剧为整部电影或电视剧的核心与灵魂。不仅故事要靠他，剧本要靠他，演员对白也要靠他。而剧本的"本"所表示的并不仅仅是本子，还有根本、基本的含义。

56

在不同的国家地区，编剧的地位不尽相同。在日本，无论电视、动漫还是电影，管理整个剧情的往往是编剧，导演反而较次。在美国，编剧年薪大都不低，在一般人年薪最高为5万美元之际，美国编剧的年薪是20万美元。在香港地区，编剧新人一般月薪为2万港元，逐步可能会提升至3—4万，有好作品的话会更多。而大陆方面，新人则约为一个月3000元（有的按集数而定）。

- 编剧荒

　　编剧是自己进行故事创作和构思，需要较小的局限性，过多的干预往往会导致剧本的质量下降。2002年以前，中国闹过剧荒，后来虽获得纾缓，但时至今日，华人世界的编剧仍然不多，使本土影视界鲜有优秀的剧本。

- 编剧转行

　　编剧是影视界必不可少的一个强力支柱，在这一行业中，换血频繁，既有的作家会转职或兼任编剧，也有编剧会转为导演或者其他职位。例如著名导演李安、王晶，著名作家海岩、古龙等。

- 编剧有公式吗?

　　是否存在编剧公式呢? 是否可以有规律地写出吸引人的电影、电视剧的故事呢? 完全的编剧公式是不存在的，但细分析那些脍炙人口的故事会发现这其中有规律可循。美国编剧研究大师克里斯托弗·沃格勒，写作的《The Writers Journey：Mythic Structure for Writers》(中文译名《作家之旅：源自神话的写作要义 (第 3 版)》正是世界上少有的讲解故事规律的写作指导图书。克里斯托弗·沃格勒，吸收了卡尔荣格的心理学思想和约瑟夫坎贝尔的神话研究，提出了"英雄之旅"的概念，将故事模型分为"英雄之旅"的 12 个阶段；将故事人物总结为英雄、导师、信使、阴影等不同原型。此理论一出，立即震动了西方编剧界，该书也被公认为好莱坞电影人的必读书目。不但关于写作的智慧，同样关于人生的哲学。每个人都在各自的"人生之旅"中前行，克里斯托弗·沃格勒就如书中所写，就是一位资深导师，指点我们走好"作家之旅"。

- ### 编剧网站

　　剧坛是全球最大的华人编剧社区，一直努力培养编剧，包装编剧，在编剧界作出重要贡献。2009 年 5 月份，剧坛结合多种推广渠道，组建核心宣传团队，有利地提高了对职业编剧的包装工作。2010 年创建业界互动链，有效地促进了编导之间的交流。

● 全球最有影响力的电视台

英国广播公司 >

　　成立于1922年的英国广播公司，简称BBC，是英国一家由政府资助但独立运作的公共媒体，长久以来一直被认为是全球最受尊敬的媒体之一。在1955年英国独立电视台和1973年英国独立电台成立之前，BBC一直是全英国唯一的电视、电台广播公司。BBC除了是一家在全球拥有高知名度的媒体，还提供其他各种服务，包括书籍出版、报刊、英语教学、交响乐团和互联网新闻服务。

　　在BBC建立之前，已经有很多私人公司尝试在英国做电台广播。根据1904年的无线电法案，英国邮政局负责颁发电台广播牌照。1919年，由于收到很多军队对过多广播而干扰军事通讯的投诉，邮政局停止发出牌照。于是，20世纪20年代初期，广播电台数量骤减，越来越多的人要求成立一个国家广播电台。一个由无线电收音机制造商组成的委员会经过几个月的讨论，最终提出一个方案，BBC由此诞生。

　　英国广播公司成立于1922年，由几个大财团共同出资，包括马可尼、英国通用电气公司（GEC）、British Thomson Houston等。公司最初的目的是建立一个覆盖全国的广播传输网络，以

BBC纪录片

为今后的全国广播提供便利。1922年11月14日，BBC的第一个电台，2LO以中波从伦敦牛津街的塞尔福里奇百货公司的屋顶开始广播。次日5IT从伯明翰、2ZY从曼彻斯特也开始了广播。

1927年BBC获得皇家特许状，由理事会负责公司的运作，理事会成员由政府任命，每人任期4年，公司日常工作则由理事会任命的总裁负责。1932年BBC帝国服务开播，这是BBC第一个向英国本土以外地区广播的电台频道。1938年，BBC阿拉伯语电台开播，这是BBC的第一个外语频道。到二战结束时，BBC已经以英语、阿拉伯语、法语、德语、意大利语、葡萄牙语和西班牙语7种语言向全世界广播。这是BBC全球服务的前身。

苏格兰工程师约翰·罗吉·贝尔德从1932年开始和BBC合作，尝试进行电视播送。1936年11月2日，BBC开始了全球第一个电视播送服务。电视广播在二战中曾经中断，但是在1946年重新开播。1953年6月2日，BBC现场直播伊丽莎白二世在西敏寺的登基大典，全英国约有2000万人观看了女王登基的现场实况。由于受到地下电台的挑战，1967年9月30日BBC开始了BBC Radio 1电台服务，以播送流行音乐为主。1983年，BBC又第一个开播了早餐时间广播服务，《BBC早餐时间》，抢在了竞争对手的前头。1991年BBC正式开始BBC全球新闻服务电视频道，后在

BBC拍摄现场

1995年1月更名为BBC World。与BBC全球电台服务不同的是，BBC全球新闻服务是一家商业电视台，通过广告营利，这也意味着该频道不能在英国本土播出。1998年8月，BBC的国内频道也开始采用卫星播送，这么做的一个意想不到的结果是，只要欧洲观众使用英国制造的卫星解码器，他们也可以收看BBC 1和BBC 2。

今天的BBC 1是世界上第一个电视台，它在1936年11月2日就开始提供电视节目，当时叫作"BBC电视服务"。在二战爆发前，已经约有大约2.5万个家庭收看节目。1964年BBC 2开播，BBC电视服务改为现在的名称。BBC 1的节目十分大众化，包括戏剧、喜剧、纪录片、游戏节目和肥皂剧，经常是英国收视率最高的电视频道。BBC的主要新闻节目也在BBC 1播出，每天3次。

BBC纪录片

美国广播公司 〉

　　美国广播公司（英文：American Broadcasting Company, 简称ABC）是美国传统三大广播电视公司之一。创立于1943年, 原为国家广播公司的蓝色广播网。目前的最大股东是华特迪士尼公司, 为迪士尼—ABC电视集团的成员。

其集团总部在纽约市曼哈顿, 其节目制作总部在加利福利亚的伯班克市, 与迪士尼公司的总部和迪士尼摄影棚由人行天桥相连。截至2008年, ABC是美国观众最多的电视网。

ABC节目

全国广播公司 〉

　　NBC(National Broadcasting Company)全国广播公司的简称，全美三大商业广播电视公司之一（其余两家分别是CBS美国哥伦比亚广播公司和ABC全称美国广播公司）全国广播公司的总部设于纽约，创办于1926年，是美国历史最久，实力最强的商业广播电视公司。1985年，全国广播公司被通用电气公司以62亿美元收购，公司现在纽约、洛杉矶、芝加哥、华盛顿、克利夫兰、丹佛和迈阿密7座城市设有直属电视台，并在全国有附属电视台208座。

SBS：韩国的三大电视台之一 〉

　　SBS股份有限公司，前称首尔放送，是韩国四大全国无线电视及电台网络中，仅有的两间私营业者之一（另一间是在2007年12月28日启播的OBS京仁放送）。SBS的经营口号是"健康的广播、健康的社会"，这个口号从1991年一直使用到现在。

香港电视广播有限公司 ＞

香港电视广播有限公司（英语：Television Broadcasts Limited, TVB）于1967年11月19日正式开业，是香港首个商业无线电视台，一般被称为"香港无线电视台"或"无线"，观众又以"TBB"、"三色台"、"无记"等昵称称之。其业务已遍及各地，并涉足节目发行、收费电视、音乐、电影、出版等行业，为全球最大的中文商营传媒之一，开台以来依然保持香港一半以上的电视收视人群，培养出台前幕后的华语影视制作团队数以百计。其中，电视剧为TVB制作的品牌产品，每年产量近千小时，一直影响着香港和全球华人社区。

CCTV ＞

中国中央电视台（英语China Central Television，简称CCTV），简称央视，是中华人民共和国国家电视台。1958年5月1日试播，9月2日正式播出。初名北京电视台，1978年5月1日更名为中央电视台。

中央电视台是中国重要的新闻舆论机构，是党、政府和人民的重要喉舌，是中国重要的思想文化阵地，是当今中国最具竞争力的主流媒体之一，具有传播新闻、社会教育、文化娱乐、信息服务等多种功能，是全国公众获取信息的主要渠道，也是中国了解世界、世界了解中国的重要窗口，在国际上的影响正日益增强。

中央电视台目前已初步形成以电视传播为主业，电影、互联网、报刊、音像出版等相互支撑的多媒体宣传、广告经营和产业拓展的多元化经营格局。改革开放以来，中央电视台发展迅猛，日新月异。目前共开办25套开路电视节目，分别为CCTV—1综合频道、CCTV—2财经频道（原称"经济频道"）、CCTV—3综艺频道、CCTV—4中文国际频道（亚洲版）、CCTV—4中文国际频道（欧洲版）、CCTV—4中文国际频道（美洲版）、CCTV—5体育频道、CCTV—6电影频道、CCTV—7军事·农业频道、CCTV—8电视剧频道、CCTV—9纪录频道、CCTV—9英文纪录频道、CCTV—10科教频道、CCTV11戏曲频道、CCTV—12社会与法频道、CCTV—13新闻频道、CCTV-14少儿频道、CCTV—15音乐频道、CCTV—22高清频道、网络电视台5+体育频道、CCTV—NEWS英语新闻频道、CCTV—E西班牙语国际频道、CCTV—F法语国际频道、CCTV—A阿拉

伯语国际频道和CCTV—P俄语国际频道，内容几乎涵盖社会生活的各个领城。目前全台栏目总数400多个，日播出量达270小时，其中自制节目量约占总播出量的75.3l%，使用中、英、法、西班牙、阿拉伯、俄6种语言和粤语、闽南话等方言向国内外播出。全国人口覆盖率达90%，观众超过11亿人。中文国际频道、英语新闻频道通过卫星传送覆盖全球，西班牙语国际频道、法语国际频道、阿拉伯语国际频道也已覆盖欧洲、南美、中东、北非等众多国家和地区。2004年，中央电视台投资成立的中央数字电视传媒有限公司又建成两个高水平的数字电视频道——海外戏曲频道和海外娱乐频道，现已登陆北美地区。

66

● 各式各样的电视节目

电视节目类型 〉

　　电视节目大致的可分为新闻类节目（正规的）、财经类节目（相关资讯及评述）、体育类节目（赛事转播及体育消息报道）、文化娱乐类节目（包括影视、综艺、娱乐资讯等）、生活类节目（包括生活见闻、百姓平日关心的一些内容）、谈话类节目、军事类节目、教育类节目、科技类节目、少儿节目、老年节目、广告节目等等。由于电视节目的发展，许多节目的类型复杂多样，包含了多种类型。

• 电视新闻资讯节目

　　以现代电子技术为传播手段，以声音、画面为传播符号，对公众关注的最新事实信息进行报道的电视节目类型。

• 电视谈话节目

　　以电视为传播媒介，通过话语形式，营造屏幕内外面对面人际传播的"场"氛围，以语言符号和非语言符号双渠道来传递信息，整合大众传播与人际传播的电视节目类型。

电视娱乐节目

以电视为传播媒介，利用综合性的表达手段，将多种娱乐性的元素组合在某一种形式中，在某一时段强化电视的娱乐功能，单纯地使观众身心放松、精神愉悦的电视节目类型。

电视纪录片

非虚构的、审美的（非功利的），以建构人和人类生存状态的影像历史为目的的电视节目类型电视剧。

定义：灵活运用文字、戏剧、电影等多种表现手法，广泛深入历史、社会、生活的方方面面，交织使用电子传播、家庭传播、人际传播的各种手段，在当下社会影响最大、收视份额最足的电视节目类型。

电视电影

按照电影的艺术规范和电视的叙事规律来制作，通过电视媒介播放的电视节目类型。

电视特别节目

各级电视机构打破常规播出之栏目、时间、长度等诸多限制，充分投入人、财、物资源，以各类特别事件作为内容载体，以特别策划、精心编排为形式特征，能够收获巨大社会影响和优质经济效应的特殊的电视节目类型。

电视文艺节目

以文学、艺术和文艺演出作为创作原始素材和基本构成元素，在保留原有艺术形式的基础上，运用电视视听语言进行二度创作，具有较高欣赏艺术性和审美价值的电视节目类型。

国内知名电视节目

国内寿命最长的综艺节目：快乐大本营

国内第一档相亲节目：非诚勿扰

国内第一档慈善公益类节目：帮助微力量

国内第一档新闻类节目：新闻联播

国内第一档情景舞台秀节目：喜剧之王

国内第一档姓氏文化类节目：非常靠谱

国内第一档代际类节目：年代秀

电视节目主持人 ⟩

电视节目主持人是电视节目传播过程中，传播者与接受者之间进行联系的"人物化"桥梁，即在电视节目时、空、人、事的规定中进行工作的"非角色"表演者。电视节目主持人大体可分作两类：一类是集采、编、审、播于一身，既是节目主持人，又是节目负责人；一类是以出场主持节目为主，兼做或完全不做采编、撰稿工作。

世界上最早的主持人起源于美国。中国最早在1981年的对台广播"空中之友"栏目设主持人，由徐曼主持。之后，1981年央视在赵忠祥主持的《北京中学生智力竞赛》节目中使用"节目主持人"一词，开了中国电视节目主持人之先河。1993年，中国的各电台涌现出大量的节目主持人，这一年被称为"中国的广播主持人年"。

回顾人类广播电视的历史，大家可以看到主持人早期的样式。当广播电视刚刚出现的时候，在其中说话的人被称为广播员。广播员的工作包括放唱片、报告新闻、讲故事猜谜语，等等。有时别的演员前来演唱，就使用另外一个话筒，广播员为之介绍说明，与之配合。当然，广播员的人选是那些说话语音清晰，音色悦耳的。广播在不断发展，久而久之，人们对于广播员的要求越来越高。于是更精确的分工出现了，广播员更精深于口头表达的技艺，广泛向各种艺术门类学习，形成了一个专业行当，追求其中共同的艺术特征。

新的音乐形式——音乐电视 〉

音乐电视（即MTV）是电视文艺中比较重要的、充分发挥了电视艺术表现功能的一种艺术形式。它于20世纪80年代初始于美国开播的无线电音乐频道，简称MTV。音乐频道一诞生，就成为一种音乐时尚，一种潮流，并风靡欧美等国。音乐电视于20世纪90年代初传入中国。1993年开始，中央电视台连续举办的中国音乐电视大奖赛，极大地推动了中国MTV的蓬勃发展和成熟。

如今，MTV音乐电视已经成为各家电视台非常重要的音乐节目类型。音乐电视的迅速普及和深入人心，使它不论在音乐领域还是在电视领域，都占领着极为重要的地位。当音乐和视觉的画面相结合时，它就不是以作为独立艺术音乐的姿态而出现，而是作为影视综合艺术的一个要素在和其他要素相结合中

MTV画面

音乐电视的拍摄

产生影响发挥作用。随着新数字时代的到来，受众已经不满足于最初纯音乐和电视画面的简单结合，而是站在审美的角度来审视音乐电视的艺术性和感染力。

真正符合MTV要求的作品，首先是以歌曲为表现主体，以演唱者为表现形式，通过镜头语言将歌词的内涵与意义、音乐的主题与完整的旋律以及所要赋予的主观情感抒发体现出来。音乐电视的双重结构音乐与画面相互贯通，相互交融，形成统一的音画关系，以电视手法构成情景交融、声情并茂的电视画面，呈现出独特的艺术品位，这是音乐电视追求的最高境界。

• 起源形成

音乐电视的产生与发展离不开摇滚乐，可以说在音乐电视的发展过程中，摇滚乐是最重要的因素。摇滚乐兴起于20世纪50年代初期的美国，是当代世界流行音乐中最主要的一种。这种音乐形式主要是发泄生活中的苦闷，充满叛逆情绪，它是历史上第一次为青少年而发的歌曲文化。从音乐风格上说，摇滚乐和传统的古典音乐完全不同，它是一种情绪的宣泄，对规则的反抗。随着摇滚乐在青年中的流行，刺激了摇滚乐音像作品的产生，而商业神经敏锐的音像制品制作商则从中看到了无限商机。为了满足青年们的精神需要，摇滚乐作品被文化工业在流水线上制成大量的唱片在市场上销售。而为了在激烈的商业竞争中战胜对手，音像制作商不得不求助于商业广告，在诸种广告手段中，影响最大的当然首推电视广告，因为电视广告具有传播人数最多、传播范围最广、传播速度最快、传播手段最全的特点。于是作为音乐电视雏形的电视摇滚乐广告，开始出现于20世纪70年代美国和欧洲一些国家的电视屏幕。

大量音乐录影带在欧美各国电视屏幕上的出现，使善于经营的美国电视业看到了包含于其中的无限商机，最终导致了音乐电视频道的出现。1981年8月1日，美国的华纳–阿迈克斯公司有限电视网，开出了一个24小时播放热门流行音乐的频道。这个音乐电视频道除了播放与音乐有关的新闻、访谈和广告外，每天还播出约两小时的"音乐流"。音乐流的主要内容是那些长度为3到5分钟的音乐录影带。之后MTV也得到了很大的发展，它创造了传播史上的奇迹。从开办至今，MTV已经发展出除美国频道外的欧洲频道、拉丁美洲频道、巴西频道、日本频道、亚洲频道、印度频道等近10个频道，并在全球拥有数十亿观众，MTV的发展充分证明了青年一代对它的接受和它在各国青少年中的巨大影响。

电视催生的新产物——电视电影 〉

　　"电视电影"是只在电视播放的电影，通常由电视台制作或电影公司制作后再卖给电视台。

　　"电视电影"按电影的艺术规律用35毫米胶片拍摄制作。世界上有许多著名的"电影作品"，如基耶斯洛夫斯基的《十诚》、希区柯克的《精神病患者》、美国恐怖片《X档案》、侦破片《神探可伦坡》等，同样，不少著名的导演、演员也是靠拍电视电影起家的，如斯皮尔伯格。电视电影因其低成本、表达自如、传播渠道（由电视台播出）便捷和拥有广大受众而为越来越多有才华的影视创作者所关注。

　　20世纪50年代开始，美国电影业进入衰退时期。合众国诉派拉蒙电影公司案以及电视机的普及使电影"黄金时代"开始没落。为了生存，美国电影业开始拍摄低成本、适合观众在家从电视上观看的电影。最初，电视电影每集约90分钟（包括广告），后来则延长到2小时。

　　上个世纪90年代末，中国中央电视

台电影频道尝试制作电视电影。自1999年春节第一次播出电视电影《岁岁平安》，电影频道至今已制作电视电影500多部。为表彰优秀电视电影作品，繁荣影视创作，电影频道从2001年起设立电视电影"百合奖"。一直以来，电影频道的电视电影都以新人新事、凡人小事、富有韵味、引人向上的艺术形象、制作轻盈的特点，不断释放出沁人心脾的力量。

电影频道电视电影从1999年诞生迄今已走过14年，从最初一年只能摄制几部作品到现在一年摄制100多部作品，目前电影频道出品的电视电影总量已近千部，并以其投资低、风险小、制作周期短

的特点逐渐成为继电影、电视之后的"后起之秀"。

1995年，中国中央电视台第六频道——电影频道开播，这一专业化电影频道迅速吸引了全国亿万电视观众关注和期待的目光，并逐渐培育着观众在电视上收看电影的接受方式和接受习惯。来自各方面的调查已经显示，中国当代电影观众的主体已经在向家庭方面转移，中国观众观看电影的最主要方式已经变成从电视里收看。调查还显示，一部中等水平的影片在电影频道播映的收视率高达2000万人次，远远高于同等影片在电影院的观众上座人次。

电影画面

77

中国电视节目之最

中国最早播出的电视文艺节目是1958年5月1日北京电视台开播第一天播出额定《工厂里来的三个姑娘》、《大跃进的号角》、《小天鹅》、《牧童和村姑》、《春江花月夜》等。

中国最早播出的国外电视节目是1958年5月5日北京电视台播出的德意志民主共和国为庆祝"五一"国际劳动节和我国第一座电视台开始实验广播而寄来的祝贺词和电视新闻片。

中国最早播出的电视新闻是1958年5月15日北京电视台播出的题为《"东风牌"小轿车》的图片新闻。

什么是收视率 〉

按照《广播电视词典》的解释：收视率是指在一定时段内收看某一节目的人数（或家户数）占观众总人数（或总家户数）的百分比，即收视率=收看某一节目的人数（或家户数）/观众总人数（或总家户数）。收视率分为家庭收视率和个人收视率，一般而言，家庭收视率大于个人收视率。

• 收视率是如何产生的?

目前采用的收视率数据采集方法有两种,即日记法和人员测量仪法。日记法是指通过由样本户中所有 4 岁及以上家庭成员填写日记卡来收集收视信息的方法。样本户中每一家庭成员都有各自的日记卡,要求他们把每天收看电视的情况(包括收看的频道和时间段)随时记录在自己的日记卡上。日记卡上所列的时间间隔为 15 分钟。每一张日记卡可记录一周的收视情况。

人员测量仪法是指利用"人员测量仪"来收集电视收视信息的方法,是目前国际上最新的收视调查手段。样本家庭的每个成员在手控器上都有自己的按钮,而且还留有客人的按钮。当家庭成员开始看电视时,必须先按一下手控器上代表自己的按钮,不看电视时,再按一下这个按钮。测量仪会把收看电视的所有信息以每分钟为时间段(甚至可以精确到秒)储存下来,然后通过电话线传送到总部的中心计算机。

收视率多久能够出来?有的是一周,有的是两周,有的是一天。这主要取决于采用什么样的测量方法,如果采用日记法,因为要对数据进行收集和分析,最快需要一周,一般需要两周;如果采用人员测量仪法,因为电话线可以即时回传数据,因此能够做到隔一天就能够提供收视数据,只是人员测量仪成本比较高。

79

• 电视剧收视率能否和《新闻联播》比较?

如今,越来越多的电视剧在提供收视率时采用这样的提法:某一部电视剧的收视率仅次于《新闻联播》,这种比较方法是否具有科学性?

其实两者没有可比性,首先电视剧和《新闻联播》不在同一个播出时段;其次,两者面临的不是同一个市场,《新闻联播》面向全国,而更多的电视剧是区域性的,面向一个省或者一个城市。之所以会出现这样的提法,主要是在大家的印象中《新闻联播》的收视率很高,想以此来证明该电视剧的收视率很高,但最好不要做这样的比较。其次,在某些地方,一部电视剧的收视率可能高于《新闻联播》,比如《还珠格格》在某些地方的收视率达到 60%,

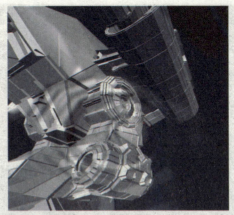

因为《新闻联播》是面向全国的,统计的基数太大。

那应该拿什么数据作为某一部电视剧收视率的比较标准呢?业内一般都是以央视一套黄金时段所播电视剧的收视率作为比较的标准,或者以某一部有代表性的、曾经创造过收视神话的电视剧作为衡量标准。

• 收视率能衡量电视剧的质量吗？

收视分析中另一比较常见的现象是将收视率高低与内容好坏简单挂钩。当收视率走高或走低时，便时常可以看到诸如"这是因为节目内容好（或不好）"之类的断言。一般来说，收视率与节目内容之间存在相互关系，后者对前者的变化通常具有很明显的影响作用，但这不是绝对的。衡量一个节目或者电视剧的好坏，不能用收视率作为唯一标准，还应该有满意度的指标，

如果说收视率衡量的是量的因素，那满意度衡量的则是质的因素，而且是更重要的因素。有的电视剧收视率很高但满意度很低，甚至会出现大家都看一部电视剧但边看边骂的现象；有的电视剧收视率可能不是很高，但满意度很高。以前我们不重视收视率，而现在则走向了另一个极端：惟收视率马首是瞻，这两种情形都不对。

81

• 央视—索福瑞和AC尼尔森提供的收视率为何不一样?

央视—索福瑞媒介研究公司和 AC 尼尔森公司是两家目前最主要的收视率调查公司。据业内人士分析，在电视收视率市场上，央视—索福瑞占据了全国 85% 左右的市场份额，AC 尼尔森公司占据 10% 左右，另外两家比较大的公司是 AC 尼尔森媒介研究和上海的广播电视信息咨询有限公司。

业内人士经常会有这样的印象，即使是同一地区同一时段同一部电视剧，AC 尼尔森和央视—索福瑞媒介研究提供的收视率数据并不相同，有时还相差挺大。比如央视一套播出的《浪漫的事》，尼尔森的平均收视率是 7%，而央视—索福瑞则为 6%；又如 2000 年 1 月 1 日到 9 月 23 日杭州地区《新闻联播》的平均收视率，央视—索福瑞提供的数据是 22.1%，AC 尼尔森为 4.6%。究竟哪一个数据更加准确呢?

对于调查公司来说，这是一个敏感的话题。这主要是因为测量手段不一样造成的：日记法和仪器测量法的结果肯定会有差异，应该说仪器测量法更准确一些，日记法往往是通过事后回忆来填写的，因此误差会大一些，而人员测量仪数据可以精确到 1 分钟，这样得到的收视率就会低很多。此外，由于样本户数不同、采用的计算体系不一样也会造成收视率不一样，一般来说，虽然数字不一样，但趋势应该是一致的，否则用户就会糊涂了。

央视晚会

• 哪些因素影响收视率?

影响电视剧收视率的五种因素:

①地区因素。《刘老根》在东北的收视率高达 22%,在南方却只有几个百分点。

②季节因素。2002 年的 12 个月中,前 5 个月平均收视率为 3.66%,6 月份是电视剧收视的低谷,只有 2.82%。暑假收视率有了回升,并达到了全年的最高点 3.85%。

③时段因素。在收视上表现最好的则是 19:00 – 20:00 这个时段,收视率超过了 5%,从这里可以看出,时段在很大程度上决定了电视剧的收视率。

④频道因素。同一部电视剧在不同频道播出,它的收视率也不同。比如《橘子红了》在甘肃一套(省级频道)播出时收视率为 13.97%,福建电视台电视剧频道(有线频道)播出时收视率为 7.37%,中央八套(中央级频道)播出时收视率为 7.29%。

⑤播出轮次因素。同样在武汉地区播出的电视剧《康熙微服私访记第四部》,2002 年 10 月份在武汉二套播出时收视率 9.39%,而在 11 月份武汉四套播出时收视率不到 4%。

中国电视史上最浓墨重彩的一笔——春节联欢晚会 >

中国中央电视台春节联欢晚会，通常简称为央视春晚，或直接称为"春晚"，是中国中央电视台在每年农历除夕晚上为庆祝农历新年举办的综艺性文艺晚会。春晚在演出规模、演员阵容、播出时长和海内外观众收视率上，一共创下中国世界纪录协会世界综艺晚会3项世界之最，入选中国世界纪录协会世界收视率最高的综艺晚会、世界上播出时间最长的综艺晚会、世界上演员最多的综艺晚会。

春节（农历正月初一）是中国传统盛大节日。每年除夕晚上都会举办综艺性文艺晚会。春节联欢晚会简称"春晚"，由中国中央电视台春节联欢晚会，地方台春节联欢晚会，网络春节联欢晚会与各地各部门举办的春节联欢晚会等组成。其中大众所指最多的含义是中国中央电视台春节联欢晚会。

• 产生背景

社会学家、文艺家艾君认为，"春晚"是中国中央电视台春节联欢晚会的简称。它是伴随着改革开放后，电视的普及和发展，由央视打造出来并诞生在文艺百花园里的一朵奇葩，也是春节联欢晚会这种文艺形式中的变异儿。

• 春晚规模

央视春晚现在已经成为全世界收视率最高的节目之一。每年除夕之CCTV—1、4、7、NEWS（英语新闻）、西班牙语、法语、阿拉伯语、俄语、高清频道20：00准时现场并机直播，中国网络电视台（CNTV）也在网络直播。随着科技的发展，CCTV手机电视、CCTV网络电视也在直播。全长达约5小时。全国数亿热心观众都会守在电视机前，迎接新的一年的到来。

1983年，央视举办春节联欢晚会应该说是一个偶然事件。但是现在这台晚会已经成为了中国人的"新民俗，新文化"，每年除夕夜必看的电视大餐。从文化发展的角度看，中央电视台春节联欢晚会开创了电视综艺节目的先河，且引发了中国电视传媒表达内容、表达方式等方面的重大变革。它的成功不仅牢固确立了自身的地位，而且在中央电视台衍生出系列类似的节目，如综艺大观、正大综艺、曲苑杂坛、春节戏曲晚会、春节歌舞晚会、各部委春节晚会（如公安部春晚）以及国庆、五一、中秋、元旦等各种节日综艺晚会。随后，

全国大大小小的地方电视台频频效仿并力求创新。

目前，综艺节目已经成为颇具规模的媒体文化形式。而春节联欢晚会为中国电视综艺文化的发展提供了最基本的模式和蓝本。春节联欢晚会的艺术性表现在：首先是苦心孤诣地筹划；其次是着力创作，精心打造节目；第三，晚会上知名演员、艺术家云集；第四，晚会汇集了中华民族各种艺术形式的最高水平的作品。必须承认，作为一个历经30年发展的重要文化事件，春节联欢晚会的意义是重大的，影响也是深远的。春节联欢晚会的意义在于作为一个电视晚会它创造了一个文化奇迹，完成了一个电视神话。如果从春节联欢晚会最初定性考察，它也仅仅是在春节这个特殊的时刻以文艺的形式举行的一次联欢活动，就如中国过年的传统中的其他活动一样，春节联欢晚会当然承载着必要的叙事，但这种叙事更多的应该是民间话语，而今天的春节联欢晚会承载了太多的主流意识形态的内容，凸显了更为宏大的叙事

85

功能，这是春节联欢晚会最初的主创者所始料不及的。至于说春节联欢晚会是否年年办下去更是没有永久的设定。而今，春节联欢晚会不仅要长久地办下去，而且已经不再是简单的文艺活动、联欢活动。因此，春节联欢晚会的影响和意义是多方面的。

随着群众生活水平的提高，CCTV春节联欢晚会尽管仍备受关注，但是已经不是在除夕夜唯一的"文化大餐"。而且，观众对于CCTV春节晚会的批评、

建议也在增多。而CCTV春节晚会也一直不断锐意进取、年年都在力推新人，以尽力满足观众日益增长的文化需求。与此同时，各地方电视台也纷纷向央视"叫板"，推出了各自的"地方春节晚会"，但收视率并不高，且局限性很强。甚至在2009年初，某些网友表示计划要搞一台"民间春晚"。并在大年三十和中国中央电视台春晚同时直播，公开竞争。在2010年，民间春晚成功举办，并已经获得一定程度的关注。

• 发展历程

广义上的春节联欢晚会可以追溯到1956年。当时由张骏祥任总执导，谢晋、林农、岑范、王映东任导演、由中央新闻纪录电影制片厂出品的《春节大联欢》。根据影片内容显示，当时的中央人民广播电台向全国现场直播了演出。当时的很多大师都曾经出镜，如越剧大师徐玉兰、王文娟、评剧大师新凤霞、京剧大师梅兰芳、相声大师侯宝林、人民艺术家老舍和巴金、

表演艺术家赵丹等人。

央视具有春晚性质的"迎新春文艺晚会"是自1979年除夕开始播出。1983年，首届现场直播形式的春节联欢晚会在央视正式播出。起初是中国中央电视台在每年农历除夕晚上为庆祝农历新年在其第一套节目直播的综艺晚会，后来央视中文国际频道、军事·业频道、央视英语新闻频道、央视西班牙语国际频道和央视法语国际频

道都会同步直播。此外，从 2008 年至今，高清频道也进行彩排的录像转播；央视网、PPLIVE、中国网络电视台等网络新媒体也会同时进行转播。2010 年，春晚已经在开播的中央电视台阿拉伯语国际频道和中央电视台俄语国际频道并机直播。从此每年农历除夕北京时间晚 8 时（早期曾经在 8 点之前开始播出），春节联欢晚会都会在中国中央电视台播出，节目时间持续 4 小时 10 分至 4 小时 40 分左右，直到凌晨 1 时，节目最后以《难忘今宵》合唱结束（此曲是为 1984 年春节晚会创作的，后被 1985 年、1986 年、1990 年晚会作为结束曲，并从 1990 年沿用至今）。首届春节联欢晚会开创了很多先例，比如设立节目主持人、实况直播、开设热线电话等，这些创新先例成为日后春晚一直沿用的规矩。

• 社会影响

对于 CCTV 春晚，社会学家、文艺家艾君 2008 年在中国网"回顾改革开放 30 年"活动中撰文如下叙述：从春晚 20 余年的发展历程看，它经历了 80 年代启动发展期的火爆，走过了 90 年代成长期的壮大，也迎来了 21 世纪成熟期的稳定。但无论如何变化，央视"春晚"这个诞生在改革开放初期的电视综合文艺形式，已经成为家喻户晓、闻名海内外的春节期间节日文艺大餐；成为所有炎黄子孙追求和谐、进步、吉祥的民俗盛典。20 余年的发展，"央视春节文艺晚会"已经成为"春晚"一词的固有的概念被公众接受认可。可见，改革开放 30 年，如果没有电视的普及，如果没有电视主导了大众文化的劲势传播的时代，或许也就不存在"春晚"被广泛认可和引起关注。

• 吉尼斯证书

戛纳国际电视节于 2012 年 4 月 1 日至 3 日在法国南部海滨城市戛纳举行。春节联欢晚会在法国戛纳国际电视节期间被认定为"全球收看人数最多的晚会"，荣获吉尼斯世界纪录证书。

最能代表中国的电视节目——新闻联播 〉

1976年党的生日那天，根据全国省级电视台共同协商的意见，中央电视台第一次试播全国电视新闻联播，向微波干线沿线的10多个省、直辖市电视台传送信号。播出时间10—15分钟，只有外景片，没有播音间的口播。早期《新闻联播》的地方新闻，大都是通过班机或火车送到北京，加上洗印、编录，快则一周，慢则半月才能跟观众见面。

1978年1月1日，中央电视台《新闻联播》正式开播。1958年中央电视台建台伊始，新闻栏目就承担起"新闻立台"的责任。目前，《新闻联播》是中国收视率最高、影响力最大的电视新闻栏目，同时它也是全世界拥有观众最多的电视栏目

新闻联播节目播出时长一般为30分钟，但是如果当天发生的事件与中国关系重大，或是在中国发生突发事件时，则会加长时间。加长的时间会根据事件的大小和性质做出调整。

自1982年9月1日起，中共中央明确规定，重要新闻首先在《新闻联播》中发布，由此开始奠定节目为官方新闻发布管道的重要地位，节目宗旨"宣传党和政府的声音，传播天下大事"；但新闻先后次序排列不是以其重要性，而是以国家领导人的排名先后而定的。其大致内容的播出顺序是：中央政治局常委的外交、访问、会议以及视察活动，中共中央或中央政府开的某项会议，思想教育类短片，联播快讯（中国境内各个领域的进步，人民大众的精神面貌，神州大地的风采），最后是时长通常不超过5分钟的国际新闻和体育新闻等。

在中国大陆，境外媒体、甚至地方电视台的采访皆有一定限制（例如灾难事故、军事演习等），而央视在此一般没有限制（与新华社同一级别），故《新闻联播》亦变相成为某些重要新闻片段公开发布的唯一途径。各大新闻媒体在无可选择下只能引用其片段和文字等。有些地方台甚至只引用央视的片段播放国际新闻。

另外，此新闻节目在形式上与主播风格、片头音乐上皆甚少变化，主播的发型和个人造型必须保持固定，主播之一的罗京曾介绍说，主持人剪头发得台长批准。当中变化较显著的只有片头动画由中国书法字随着台徽的两次演变成电脑制作的动画片头。

中国电视金鹰奖

"中国金鹰电视奖"是经中宣部批准，由中国文学艺术界联合会和中国电视艺术家协会主办的全国性电视艺术综合奖，其前身为"大众电视金鹰奖"，是国家级的唯一以观众投票为主评选产生的电视艺术大奖。第16届起改名为"中国电视金鹰奖"，从2000年第18届开始，经中宣部批准，"中国电视金鹰奖"全面升级为规格更高的"中国金鹰电视艺术节"，由中国文学艺术界联合会、湖南省人民政府、中国电视艺术家协会、长沙市人民政府、湖南省广播电视局联合主办，湖南电广传媒股份有限公司永久承办、湖南卫视具体承办，每年在长沙举行。自2005年起，改为每两年举办一次，并将第23届金鹰奖推迟至2006年举办。

自从金鹰节落户湖南之后，湖南方面搭建了专门的班子来运作，每年的节庆活动都能够有一些新的亮点。增加了剧本交易会等，金鹰节已经成为研讨中国电视艺

术的一个非常重要的阵地。通过湖南卫视的宣传，金鹰电视艺术节现在已经成为中国最有影响力的电视节庆活动之一，而且在世界上的知名度也在逐年提升。

"中国电视金鹰奖"原设电视剧、电视文艺片、电视纪录片、电视美术片、电视广告片五大门类优秀作品奖和若干单项奖，共99个。其中五大类优秀作品奖及电视剧男女主配角奖、歌曲奖，共76个，由观众投票评选产生。其他单项奖（含电视剧的编剧、导演、摄像、照明、剪辑、美术、音乐、录音；电视文艺片的导演、摄像、美术、照明、录音、音乐电视创意；

电视纪录片的编导、摄像、录音；电视美术片的编剧、导演、形象设计、音乐；电视广告片的广告创意、广告制作）共23个，由专家组成的评委会在观众投票的基础上评选产生。现已缩减至67个甚至更少。

"中国电视金鹰奖"所有候选节目、歌曲和演员，均由各省、自治区、直辖市电视艺术家协会及中国视协分会推荐，经中国电视金鹰奖评选委员会初评，报上级主管部门批准后公布。评奖的范围为本评选年度（即上年4月16日至本年4月15日）在地、市级（含）以上的电视台播出的上述节目。

● 丰富多彩的电视剧

电视剧一种专为在电视机荧屏上播映的演剧形式。它兼容电影、戏剧、文学、音乐、舞蹈、绘画、造型艺术等诸因素，是一门综合性很强的艺术。电视剧是一种适应电视广播特点、融合舞台和电影艺术的表现方法而形成的艺术样式。一般分单本剧和系列剧（电视影集）。 电视剧是随着电视广播事业的诞生而发展起来的。在这幕后有一定的推动作用致使一些电视剧网站孕育而生，比较典型的分类电视剧在线观看网站很受大众的喜爱。生活中，电视剧的定义已经狭义化，仅指电视系列剧（TV series），而非其他形式。

电视剧的简称 ＞

在我国台湾，"电视剧"一词泛指不同类型的电视制作。包括单元剧、连续剧、偶像剧、类戏剧等；但基于台湾的文化及语言环境，台湾当地所制作的电视剧一般会较常以"连续剧"一词称呼。至于美国、加拿大及欧洲所制作的电视剧，只要是以电影方式拍摄，皆以"电视系列剧"，称呼，例如在美国制作的电视剧在我国台湾通常会称为"美国电视系列剧"。然而，"电视系列剧"一词乃属于地区惯用词，我国台湾以外的地区对于外国制作的电视剧甚少以"电视系列剧"来称呼。

在香港，"电视系列剧"一词指的是相片集，其中的"影"字跟"摄影"一词的"影"字同义，指相片，因此"电视系列剧"在香港只会解作相片集。至于对电视剧的称呼，香港人一般会称为"电视剧"、或简称"剧集"。跟台湾的情况不同，"电视系列剧"一词在台湾只会用来指外国电视剧，而"剧集"一词在香港则没有特别代表某地制作的电视剧，无论是香港当地或香港以外所制作的电视剧，都可用"剧集"一词称呼。除了"剧集"一词外，另一个在香港常用，对电视剧的简称为"剧"，但通常"剧"一字的用法是按不同地区所制作的电视剧而加上该地区的简称连用，甚少单独使用"剧"一字来称呼电视剧，例如日本制作的电视剧会简称为"日剧"、韩国制作的简称"韩剧"、美国制作的简称"美剧"等等。

电视剧的类型 ＞

国内外有3种类型的电视剧：电视戏剧，主要是按舞台剧的法则创作的电视剧，带有浓郁的戏剧艺术特色；电视电影（亦称电视影片），基本上是按蒙太奇技巧摄制的电视剧；狭义的电视剧，主要是根据面对面交流的特点和"引戏员"的结构方式制作的电视剧。还有许多电视剧兼取几类之长，难以明显归入哪一类。

由于制作电视剧的物质材料（摄像机和录像磁带）、传播媒介（电视屏幕）以及欣赏方式（以家庭式为主）等方面的特殊性，使这种艺术样式具有以下的特性：

①由于电视屏幕的面比电影银幕小得多，因而，在电视剧中一般尽量少用全景和远景。大多采用中、近景和特写，特写镜头不但在电视剧中频繁出现，而且延续的时间幅度也大。它在电视剧中除有突出和强调作用外，还是叙述剧情的重要手段。

②电视剧中语言因素占有重要地位。由于面对面交流的特点和特写的大量运用，使得对白和独白的作用大大加强。一些电视剧还经常采用第一人称的自叙方式，本身就像是一段长长的独白。

电视剧的这种叙述方式，在家庭环境中显得亲切感人。

③电视剧特别适于揭示人物的内心活动，展示人物内在思想感情的变化。有人认为，电视剧是对"生活的转播"。荧屏与观众之间的距离空前缩小，因而对演员的表演提出一些特殊的要求，如力求生活化、朴实而自然，切忌舞台表演中动作与音调的放大和夸张，需要较为本色的表演和即兴式的创作，才能给人以"生活自身形态"的感觉。又由于电视剧欣赏方式（家庭式）的特点，使它的篇幅灵活自由，可以有10多分钟的电视小品，也可以有长达几集甚至几十集的电视连续剧。

肥皂剧 >

　　肥皂剧一词起源于早期的欧美电视, 原因是在晚间, 电视台会播放一些搞笑的短片 , 没有深度, 只求一笑, 在这些短片里经常会夹杂着一些肥皂的广告。久而久之, 大家都以肥皂剧来称呼这些短片。再接下来, 短片不断的拍摄, 形成连续剧的形式, 现在人说的肥皂剧体和以前的含义差不多, 但是主要的意思比较贬义, 含有无聊拖沓的意思。

- 中国和西方肥皂剧对比

　　对比中国社会的电视剧文化，西方肥皂剧有其独特的界定与自身特点。广义上看，英美等国家都将所有剧种分为三大类，soap opera（肥皂剧），sitcom（情景喜剧）和 TV drama（电视剧）。国内许多人认为国内风靡一时的《我爱我家》《编辑部的故事》都可以拉入肥皂剧的范畴，但按照西方电视剧分

类，严格上讲他们还是仅仅被定义为情景喜剧 (sitcom)，因为两部戏各集之间的故事关联不紧，往往可以独立成章，而且最后一集都被安排了完美结局。而西方肥皂剧的特点则是偏向连续剧，通常各集之间的故事有关联，而且很会"拖戏"，有时候几个星期不看，剧情居然还接得上。几乎所有的肥皂剧都没有传统意义上的结局或者叫作"开放式结局 (open ending)"，即使有也是一种不稳定状态下的暂时

平衡，往往一对矛盾的解决意味着新矛盾的开端。即使像《欲望城市》这样有着明显的"完结篇"，制片方也会有意地留有"活口"：比格对凯莉表白时的用语是"我要的就是你"，而不是求婚时最常用的"嫁给我好吗"，这样比格和凯莉的关系就可以瞬息万变。如果拍续集，无论人物关系发生怎样的变化，剧情都可以自圆其说。

情景喜剧 ⟩

情景喜剧是一种喜剧演出形式，这种形式一般认为出现在美国广播黄金时代（1920年代至1950年代），如今在世界范围内被广为接受。在很多国家，情景喜剧都是最受欢迎的电视节目之一。

美国的电视剧分类中，情景喜剧、肥皂剧和情节系列剧，三者都属于"电视连续剧"的范畴；虽然后两者之间常互相渗透，但情景喜剧和后两者之间的区别很大。除情景喜剧外，其他一些搞笑成分居多的剧集，虽然在内容、表现形式、时间长短上（45分钟左右）和情节系列剧一样，但在参加电视奖项角逐时，通常也会归入喜剧类。

其他国家对情景喜剧和其他电视剧的归属划分和美国并不相同，如中国大陆很多认为情景喜剧属于肥皂剧的范畴。传统上来讲，情景喜剧的人物一般都是独立的完整体，也就是说角色很大程度上是相对静态的，每一集结尾处此集故事也会解决。

中国电视剧之最

第一部电视连续剧 20 世纪 80 年代初，中央电视台制作的 9 集电视连续剧《敌营十八年》，是新中国第一部电视连续剧。到 1982 年就有 11 部电视连续剧、50 余部电视短剧摄制完成。1980 年中央台播出的《敌营十八年》虽然是内地的电视剧，但它并不是中国第一部电视连续剧。充其量只能算内地第一部电视连续剧，但要说到第一，就必须是我国台湾于（1969 年）11 月 3 日开演的黑白电视连续剧《晶晶》，这部剧不止是台湾第一部电视连续剧，同时也是真正的中国第一部电视连续剧，当然因为政治和其他方面的因素，这部剧没有在内地播出，所以我们就认为 1980 年播出的《敌营十八年》是中国的第一部电视连续剧。

第一部大型室内电视连续剧 1990 年北京电视台、北京电视艺术中心联合录制的 50 集电视连续剧《渴望》，被称为第一部大型室内电视连续剧。该剧由李晓明编剧，王石等改编，鲁晓威导演，张凯丽、李雪健等主演。

第一部电视系列喜剧《编辑部的故事》是北京电视艺术中心 1991 年拍摄的 25 集电视系列剧，赵宝刚导演，葛优、吕丽萍等主演。独特的幽默喜剧风格填补了新中国长篇电视系列剧品种的空白。

第一部由学生自编自演的电视剧是李冰写的《向往大海》，李为北京二中初二学生。

第一部大型电视连续剧是 1985 年播出的 28 集电视连续剧《四世同堂》。

第一部电视系列动画片是 1985 年录制的《芒卡环球旅行记》，共 26 集每集 15 分钟。

身边的电视剧专业频道 >

- **CCTV—8**

既即中央电视台电视剧频道，全天候播放影视作品，是以优秀电视剧为主要播出内容的专业频道，于 1999 年 5 月 3 日开播，通过亚太 1A 卫星覆盖全国，平均每天播出 17 小时。电视剧频道播出的节目中，国产电视剧占 48.8%，引进的境外影视剧占 35%，影视资讯专题节目占 6.6%，影视音乐占 3%，综艺节目及其他节目占 6.6%。

- **香港无线电视**

香港无线电视（TVB）是世界第一大华语商营电视台，成立四十多年来，为全球最大的中文栏目制作商，拥有全亚洲最具规模的商业电视制作及营运中心，累计栏目超过 80 万小时，建立了一个庞大的栏目宝库。TVB 拥有庞大的制作资源，旗下拥有众多艺人、歌手和专业制作人员，栏目产量更高达每年 17000 小时，其质与量都稳占全球中文电视栏目的领导地位。其中，TVB 制作的节目，尤其是电视剧，一直影响着香港和华人社区。

- **上海文广新闻传媒集团**

上海文广新闻传媒集团隶属于上海文化广播影视集团，是一家集广播、电视、报刊、网络等于一体的多媒体集团。集团是在 2001 年整合上海人民广播电台、上海东方广播电台、上海电视台、东方电视台、上海有线电视台等单位的基础上组建而成的。

中国第一座电视台

北京电视台（中央电视台的前身）在 1958 年 5 月 1 日开始播出，同年 6 月 15 日，即播放了中国第一部电视剧《一口菜饼子》。1958—1966 年，仅北京电视台就播放了几十部直播电视剧。上世纪六七十年代，电视剧的发展陷于停顿。1976 年后，中国电视剧取得长足的进步，1981 年播放了中国第一部连续剧《敌后十八年》。1985 年年产电视剧一千多部，其中有许多上乘之作，如单本剧《新岸》《新闻启示录》《走向远方》等，连续剧《武松》《今夜有暴风雪》《寻找回来的世界》《四世同堂》等。

电视广告 >

电视机，30年前对许多中国家庭还只是可望不可即的梦，而今天，不仅是城市早已拥有了大量电视，且广大农村也已经成批地拥有了电视。如今，彩色电视早已不稀罕，而且正在为越来越豪华的所取代。据统计，中国每百户家庭，电视机的拥有量已达78台，并且，已经出现一个小康之家拥有两台甚至三台电视。电视在人们日常生活中的地位不必细述，单是夜幕降临，不上夜班的人们有85%以上在看电视就足以说明电视的重要性，因此广告业者自然明白，电视是多么难得的一个媒体。

人们现在所见到的最早的广告，是现存于英国伦敦博物馆内的一张写在羊皮纸上的广告。据考证，它是公元前1000年左右，古埃及的一张寻找一个出走佣人（奴隶）的广告。据记载，古罗马的独裁统治者儒略·凯撒面对即将来临的战争，经常通过散发各种传单来开展大规模的宣传活动，以便获得民众的支持。

广告形式按时间发展顺序包括招贴广告、声响广告、演奏广告、报纸广告、杂志广告、广播广告、户外广告、电视广告以及新兴的网络媒体广告等。电视广告是一种经由电视传播的广告形式，通常用来宣传商品、服务、组织、概念等。大部分的电视广告是由外面的广告公司制作，并且向电视台购买播放时数。电视广告发展至今天，其长度从数秒至数分钟皆有（也有长达10分钟的广告杂志，以及长达整个节目时段的"资讯型广告"，又称电视购物）。各式各样的产品皆能经由电视广告进行宣传，从家用清洁剂、农产品、服务，甚至到政治活动都有。在美国，电视广告对社会大众的影响力之大，候选人被认为若不能推出一个好的电视广告，将难以在选举中获得胜利。

• 电视广告的优势

• 独占性

收视者在观赏电视节目时，必须抛开一切，寸步不离地坐在电视机面前。他的注意力不可以分给书本或菜锅，否则，不是错过了电视情节，就是炒糊了菜。电视是透过视觉和听觉二者，对于收视者，广告的效果当然相对报纸、广播要更加强烈。

• 广泛性

千家万户在晚饭过后，散散步，聊聊天，剩下时间，只好来看电视。我们曾十分怀念过去的日子，晚上大人们在一处聊天，青年在一起唱歌、跳舞，孩子们则在街上捉迷藏，而那样的夜晚已经一去不复返了，一到晚上十有八九在看电视。有很多人一定记得电视剧《渴望》播出的日子，大人小孩都在看，连读中学的少年也有许多也因此被解除了禁令。除夕晚上不燃放花炮了，吃过饺子，全家人能团聚的，就聚在一起看中央台的联欢会了。观众的广泛性，我们已经想不出还会有什么盛况能超过除夕夜中央台的收视率。

• 保存性

一般人认为电视画面，不具有保存性，但也有人认为：电视由于其视听结合，给人以强烈感受，既然报纸的内容可以记住，电视广告每晚都播，也具有保存性，保存性归于了人们的印象之中。

• 印象性

电视广告，因为可以清楚地看到商品的形象和广告演员的模样，观众可以在很深程度上自主对商品作出评价，广告具有很强的直观效果。现在利用名人作广告非常普遍，大腕们的价值观变了，普通劳动人民的价值观也和过去不一样了。商品经常因某位名演员爱吃或爱穿而走俏，广告效果自然非凡。电视广告透过视觉、听觉、动态来诉说其内容，因此，它的效果达到收音机的三倍以上。目前，电视广告的费用高于广播，原因就在于此。

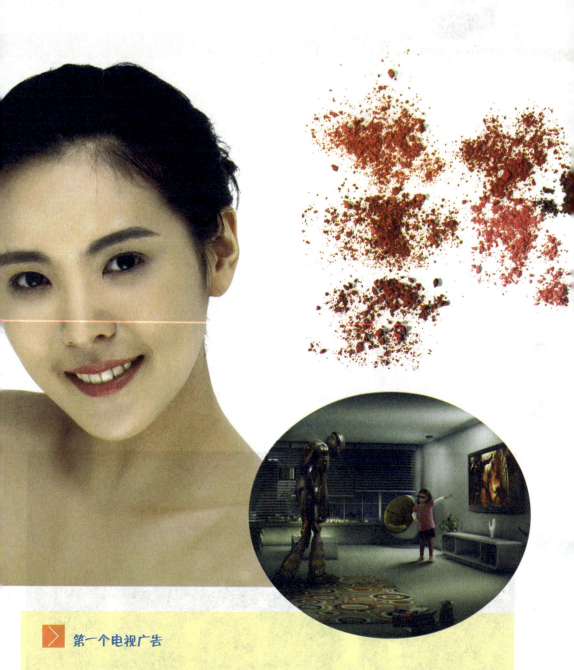

第一个电视广告

　　史上第一个电视广告是在 1941 年 7 月 1 日凌晨 2 点 29 分播出的，由宝路华钟表公司以 9 美元（约人民币 71 元）的价格，向纽约市的全国广播公司旗下的"WNBC"电视台购买棒球赛播出前的 10 秒钟时段。当时的电视广告内容十分简单，仅是一只宝路华的手表显示在一幅美国地图前面，并搭配了公司的口号旁白："美国以宝路华的时间运行！"

● 不露面的主角

配音演员 〉

配音演员在广义上是指为影片配上对白的人，狭义上指为某个人物角色配音的人。除翻译影片（包括外国语的翻译和普通话、粤语、方言、少数民族语言之间的互相翻译）需配音演员配录台词外，在有的影片里，由于演员嗓音不好、语言不标准或不符合角色性格的要求，都不采用他们本人的声音，而在后期录音时请配音演员为影片配音。现今大多数的配音员都指是广义上的配音员，配音员的工作种类已经趋向多元化，而非仅限为人物配音。

一个优秀的配音演员不仅要有细腻的感受、扎实的基本功和丰富的实践经验，更重要的是创作时要有非常准确的心理依据。这个心理依据主要有两点：第一，深刻理解原片；第二，用心体会人物。

• 深刻理解原片

原片是影视剧人物配音创作的依据，深刻理解原片是配音演员获得准确的心理依据的根本途径。优秀的影视剧作品往往是通过具体的故事情节揭露出人性、社会等方面深刻的主题，因此，配音演员在配音时，首先就是要深刻挖掘原片的思想主题。这是找准人物心理依据的重要前提。其次，配音演员还要整体分析原片的规定情境。人物性格的显现、全片情节的发展都是靠一场场具体的情境铺陈表现的，在影视作品中，情景往往是具体的，具有规定性的。最后配音演员还要准确把握原片的时代特征、民族特征与风格题材体裁。

任何艺术作品都是艺术家所生活的时代的、民族的产物，影视剧作品更是如此。它集多种艺术表现形式于一体，与时代的变迁、民族的生活紧密相连，成为一个时代一个民族最突出、最集中、最真实的再现。在影视剧台词上，不同时代，不同民族，在词汇、语法、话语样态、表达方式甚至是剧中人物的表演样式、气息状态、吐字力度等方面都有着不同的呈现。不同风格、不同题材、不同体裁的影视剧作品，其色彩、基调是不同的，这种不同也直接反映在人物语言的整体色彩上。

• 用心体会人物

人物是影视剧人物配音创作的基础，用心体会人物，是配音演员获得准确的心理依据的重要保证。首先配音演员要用心体会人物的个性特征，要剥出人物的"核"，高度概括出"这一个"人物所特有的内心环境、独特的行为方式和态度倾向。其次，配音演员还要用心体会人物在具体情节中的心理状态。

世界各地的配音演员 〉

• 日本配音员

　　配音员在日本称为声优。虽然日本声优与中文的配音员在工作上的甚多不同（相同之处是都主要为动画配音），然而两者在使用上时常不分，声优还有出唱片、表演等活动，日本配音员经过几十年发展已经实行偶像化。

• 美国配音员

　　在真人演出的制作中，配音员常常代替计算机程序的语音（Douglas Rain 演出 HAL 9000, 2001 太空漫游）、无线电派遣员的声音、或是一个从未在屏幕上出现的角色，只从电话中语音参与演出，另一个例子是语音邮件的声音演出（虎胆妙算）。梅尔·布兰科（1989 年逝世）是个知名的配音员，演出了兔宝宝、达菲鸭等多重角色，一人分饰多角使他得到天才的称号。

• 华人配音员

　　台湾配音员一般由电视台训练班或录音公司培养，并非正式学历，也有部分幕前艺人本身也是配音员。另外，世新大学广播系亦有"声音变化"的学科。也有不少配音员是跟随着资历较深的配音员，跟班学习多年之后才得以成为配音员。台湾配音员要求善于变声，也就是一个人能模仿原声，并能多变。在台湾，有时想学点配音员前辈的技巧，还只能以"学徒"的方式去学。

　　香港配音员中有专业配音员和戏剧配音员之分，一般以工作量或合约制获取报酬。粤语配音员在上世纪 70 年代起开始迅速发展，至 90 年代 TVB 与 ATV 的激烈竞争时期最为兴旺，同时培养出大批配音人才，令配音员在配音水平与人气上都大幅提升。　　中国大陆的配音员大部分为剧团出身，一些院校（例如北京广播学院、浙江广播学院）和电视台亦提供专门的播音员和配音员课程。

影视化妆师 >

影视化妆师不同于其他化妆师，他的主要目的是为影片服务。影视化妆并不像影楼化妆那样，一个妆面、一个发型就可以。影视化妆的涵盖面是非常广泛的，在学习影视化妆的课程里有一些很有意思的课程，例如：古代梳妆、饰品制作、毛发制作等。

影视化妆专业课程的设置，除了基本需要掌握的专业技能以外，还有很多课程是必须要学习的。像北京时尚新锋影视化妆学校安排的电影史、艺术概论、影片分析等。在影视化妆里，有些课程是很有意思的。

• 饰品制作

在古装戏里面，很多饰品都是由化妆师亲自制作的。在很多古装的影视作品里主要人物的发式与饰品的佩戴也是这部片子的亮点之一。而且对于化妆师来说，对于每一个朝代的服饰特点也是要了解的。例如：汉代的玉、器；唐朝的金器；清代的珠花、点翠饰品等等。化妆师还要根据剧中人物身份地位的不同去设计与制作。

• 毛发制作

毛发制作也是影视化妆的一大特点，要根据影片的具体要求去为演员量身定做。毛发制作分胡子、眉毛、头套等。头套里还要细分全头套、半头套等。

• 发件制作

也是在古装影视剧里，女性头上的发件也需要化妆师自己制作，例如清朝的旗头、发包、发垫等等。

• 动画片解密

动画的英文有：animation、cartoon、animated cartoon、cameracature。

其中，比较正式的"Animation"一词源自于拉丁文字根的 anima，意思为灵魂；动词 animate 是赋予生命，引申为使某物活起来的意思。所以 animation 可以解释为经由创作者的安排，使原本不具生命的东西像获得生命一般的活动。

在三维动画出现以前，对动画技术比较规范的定义是：采用逐帧拍摄对象并连续播放而形成运动的影像的技术。不论拍摄对象是什么，只要它的拍摄方式是采用的逐格方式，观看时连续播放形成了活动影像，它就是动画。广义而言，把一些原先不活动的东西，经过影片的制作与放映，变成活动的影像即为动画。

"动画"的中文叫法应该说是源自日本。第二次世界大战前后，日本称以线条描绘的漫画作品为"动画"。

动画是通过把人、物的表情、动作、变化等分段画成许多画幅，再用摄影机连续拍摄成一系列画面，给视觉造成连续变化的图画。它的基本原理与电影、电视一样，都是视觉原理。医学证明，人类具有"视觉暂留"的特性，就是说人的眼睛看到一幅画或一个物体后，在 0.34 秒内不会消失。利用这一原理，在一幅画还没有消失前播放下一幅画，就会给人造成一种流畅的视觉变化效果。因此，电影采用了每秒 24 幅画面的速度拍摄和播放，电视采用了每秒 25 幅（PAL 制，中国电视就用此制式）或 30 幅（NTSC 制）画面的速度拍摄、播放。如果以每秒低于 10 幅画面的速度拍摄播放，就会出现停顿现象。

动画片是怎样制作的 ＞

动画制作是一项非常繁琐的工作，分工极为细致。通常分为前期制作、中期制作、后期制作等。前期制作又包括了企划、作品设定、资金募集等；中期制作包括了分镜、原画、中间画、动画、上色、背景作画、摄影、配音、录音等；后期制作包括剪接、特效、字幕、合成、试映等。

如今的动画，计算机的加入使动画的制作变简单了，所以网上有好多的人用FLASH做一些短小的动画。而对于不同的人，动画的创作过程和方法可能有所不同，但其基本规律是一致的。传统动画的制作过程可以分为总体规划、设计制作、具体创作和拍摄制作4个阶段，每一阶段又有若干个步骤：

• 总体设计阶段

1. 剧本。任何影片生产的第一步都是创作剧本，但动画片的剧本与真人表演的故事片剧本有很大不同。一般影片中的对话，对演员的表演是很重要的，而在动画影片中则应尽可能避免复杂的对话。在这里最重的是用画面表现视觉动作，最好的动画是通过滑稽的动作取得的，其中没有

对话，而是由视觉创作激发人们的想象。

2. 故事板。根据剧本，导演要绘制出类似连环画的故事草图（分镜头绘图剧本），将剧本描述的动作表现出来。故事板有若干片段组成，每一片段由系列场景组成，一个场景一般被限定在某一地点和一组人物内，而场景又可以分为一系列被

视为图片单位的镜头，由此构造出一部动画片的整体结构。故事板在绘制各个分镜头的同时，作为其内容的动作、道白的时间、摄影指示、画面连接等都要有相应的说明。一般30分钟的动画剧本，若设置400个左右的分镜头，将要绘制约800幅图画的图画剧本——故事板。

3. 摄制表。这是导演编制的整个影片制作的进度规划表，以指导动画创作集体各方人员统一协调地工作。

• 设计制作阶段

1. 设计。设计工作是在故事板的基础上，确定背景、前景及道具的形式和形状，完成场景环境和背景图的设计和制作。另外，还要对人物或其他角色进行造型设计，并绘制出每个造型的几个不同角度的标准画，以供其他动画人员参考。

2. 音响。在动画制作时，因为动作必须与音乐匹配，所以音响录音不得不在动画制作之前进行。录音完成后，编辑人员还要把记录的声音精确地分解到每一幅画面位置上，即第几秒（或第几幅画面）开始说话，说话持续多久等。最后要把全部音响历程（即音轨）分解到每一幅画面位置与声音对应的条表，供动画人员参考。

• 具体创作阶段

1. 原画创作。原画创作是由动画设计师绘制出动画的一些关键画面。通常是一个设计师只负责一个固定的人物或其他角色。

2. 中间插画制作。中间插画是指两个重要位置或框架图之间的图画，一般就是两张原画之间的一幅画。助理动画师制作一幅中间画，其余美术人员再内插绘制角色动作的连接画。在各原画之间追加的内插的连续动作的画，要符合指定的动作时间，使之能表现得接近自然动作。

• 拍摄制作阶段

这个阶段是动画制作的重要组成部分，任何表现画面上的细节都将在此制作出来，可以说是决定动画质量的关键步骤（另一个就是内容的设计，即剧本）。

动画制作工具 〉

由于动画制作要求精密，分工细致，其制作手法以单线为主，且存在景与人、人与物的对位和色彩分界关系等等，因此也就有了一系列专门而系统的制作工具，以便于快速准确地制作动画影片。

• 动画桌

又称"透光桌"、"拷贝桌"。它与一般写字桌不同之处是，以磨砂玻璃为桌面，下面装有灯管，使桌面能够透光，看清多张叠加在一起的画稿，用于动画线稿的绘制与拷贝。桌面部分常设计呈倾斜状，以免光线直射眼睛并利于工作。

• 拷贝台

拷贝台，又称为透写台，是拿来将原稿复写时的使用工具。内有日光灯、白色白色亚克力板、玻璃与箱体组成的平台。

• 定位尺

是动画人员在绘制设计稿和原动画时，用来固定动画画纸或在传统动画摄影时，为确保背景画稿与赛璐珞片的准确定位而使用的工具。在动画制作各环节中，各部门人员的设计都离不开它的定位作用。定位尺一次可固定打有标准孔位的数十张画纸，也可用于翻阅画稿。

• 动画纸

动画纸根据用途不同，一般可分为原画纸、修形纸和动画用纸三种。

一般动画纸可选用70—100g/m²的白纸。在制作影视动画时，纸的规格大小主要分为两种，其尺寸约为24cm×27cm、27cm×33cm（一般被称为9F和12F），是根据画面取景和银幕不同需要而设定出来的。动画纸要有较好的透明度，纸质均匀、洁白、光滑，纸边较硬，而且较薄、韧性佳。

原画纸对纸质的要求不用太高。

大多修形纸采用一种淡黄色的薄纸。

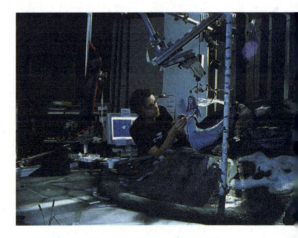

- **打孔机**

打孔机的作用与定位尺是相对应的。主要作用是给将作为原画纸、设计稿纸、修形纸、动画用纸、背景纸和赛璐珞片等所需要在定位尺上固定的纸，打出与定位尺三个固定柱（一个圆柱、两个长柱）相同大小、相等距离的孔来，使这些纸能准确地被套在定位尺上。

- **擦板、橡皮、直尺、铁夹**

- **动画笔**

动画笔泛指动画片前期、后期制作中所使用的各类笔。主要有铅笔、自动铅笔、彩色铅笔、签字笔、蘸水笔、勾线笔、毛笔、水彩笔、水粉笔等等。

- **赛璐珞片**

又称"明片"，是一种由聚酯材料制成的透明胶片，表面光滑，全透明如薄纸状。制作动画片时采用这种材料，既能是不同动作角色分别画在不同的胶片上，进行多层拍摄，而画面彼此间不受影响，同时还能与背景重叠在一起摄制，增强画面的层次和立体效果。

- **描线墨汁、上色颜料**

- **背景纸**

- **秒表**

秒表

- **摄影台、逐格摄影机**

拍摄动画作用的摄影机，是可以一幅幅地拍摄动画画稿的逐格摄影机。它被垂直安置在专门用于拍摄动画片的摄影台的立柱上，能够根据需要，通过摇柄上下移动。

- **摄影表**

摄影表是用来记录动画角色表演动作的时间、速度、对白和背景摄影要求的，是每个动画镜头绘制、拍摄的主要依据。表中标有影片片名、镜号、规格、秒数和内容，以及口型、摄影要求等项目，是导演、原画、动画、描线、上色、校对和拍摄等各道工序相互沟通意图的桥梁。

中国动画发展史 〉

动画人才的培养，尤其高等的动画教育工作将继续发展，一代新的动画艺术家将在他们中间出现。中国动画事业起步非常早，早期远远超出日本，但20世纪70年代后，日本动画蓬勃发展，超越了中国。以下对中日动画发展按照时期进行对照比较，主线按照中国的动画时期划分。

《白雪公主》

• 中国建国前——早期探索期

中国的动画事业发展很早，20世纪20年代中国的动画先驱万氏兄弟就开始研究动画制作，第一部中国自制的人画合演的《大闹画室》就是他们制作的。1935年，中国第一部有声动画《骆驼献舞》问世。1941年，受到美国动画《白雪公主》影响，中国制作了中国第一部大型动画《铁扇公主》，在世界电影史上，这是继美国《白雪公主》、《小人国》和《木偶奇遇记》后的第四部大型动画，标志中国当时的动画水平接近世界的领先水平。日本在这段时期处于战前草创期，动画制作水平还比较低，而且由于军国主义影响，使得其战斗场面的制作得到一定发展。不过这段时期日本引进了一些国外的动画，中国的《铁扇公主》也在其列，日本漫画之神手冢治虫看到后深受震动。中国美术电影始于20世纪20年代初，"万氏兄弟"在上海拍摄了中国最早一批动画片，其中影响较大的是长片《铁扇公主》。由于无人投资于1942年后中断了。40年代初，钱家骏等在重庆也摄制动画短片《农家乐》，但也未获发展。新中国美术电影于1947年开始摄制，在东北解放区兴山镇先后产生了新中国第一部木偶片《皇帝梦》和动画片《瓮中捉鳖》。

- 新中国建国初期——蓬勃发展期
（新中国建国到1965年）

新中国成立后，中国的动画事业可以说是得到了非常快速的发展，不但作品多，而且精品也非常多。从1950年的一部动画，发展到20世纪60年代已经每年都能制作出十多部动画，其中特别值得一提的就是1961—1964年制作的《大闹天宫》，它可以说是当时国内动画的巅峰之作，从人物、动作、画面、声效等等都达到当时世界的最高水平。1949年专门摄制美术片的机构——美术片组在长春东北电影制片厂成立。1950年迁上海，成为上海电影制片厂的一部分。随着人员不断扩大，1957年建立上海美术电影制片厂，从建组时十几人发展到200多人。从此，美术电影就以上海为基地迅速繁荣发展。20世纪50年代前期(1950—1956)是它的成长阶段，艺术人员的增加，带来创作的发展。通过制片实践又培养了一大批年轻的艺术、技术人才，为美术电影事业发展奠定了基础。在这一阶段中，摄制了一批优秀影片，如动画片《好朋友》、《乌鸦为什么是黑的》、《骄傲的将军》、木偶片《机智的山羊》、《神笔》等。尤其《骄傲的将军》和《神笔》，在探索民族风格方面作了成功的实验。在技术方面也有可喜的成就，1953年拍摄了第一部彩色木偶片《小小英雄》，1954年完成的木偶片《小梅的梦》，是首次采用真人和木偶合成的技术，

《骄傲的将军》

《大闹天宫》

风格，《小蝌蚪找妈妈》和《牧笛》这两部影片因此获得极大成功。它们以优美的画面和诗的意境，使动画艺术进入更高的审美境界，令人耳目一新，是动画史上的一个创举，它的成就在国内外引人瞩目。1961年至1964年拍摄的大型动画片《大闹天宫》(上、下集共120分钟)，是这一时期重大作品之一，在世界上产生广泛影响。把神话小说《西游记》中的故事，形象地再现于电影银幕，有丰富的想象力。造型艺术和动画技巧都达到很高水平。

1955年第一部彩色动画片《乌鸦为什么是黑的》也获得成功。从此，美术片进入了彩色片时期。1957—1966是美术电影鼎盛时期，百花齐放，形式多样，美术片的艺术特点得到充分发挥，民族风格更为成熟和完美，拍出了一批至今依然是中国美术电影历史上最优秀的作品，在国内外声誉鹊起。周恩来总理生前指出：美术电影部门在中国电影事业中，是具有独特风格的比较优秀的部门。1958年增添了一个新的品种——剪纸片，第一部作品《猪八戒吃西瓜》一举成功。由于它具有鲜明的民间艺术特色而受到好评，开辟了发展剪纸片艺术的新路。1960年创造了水墨动画片，把典雅的中国水墨画与动画电影相结合，形成了最有中国特色的艺术

《小蝌蚪找妈妈》

中国文化大革命时期（1966年到1977年）

1966—1971 这六年中，中国没有一部动画片制作出来。之后几年的形势似乎有了一点好转，但是 1972—1977 年间也只有每年 2—4 部动画出炉。这一段时期，中国动画业的大好形势没有了，中国的动画事业几乎是在原地停滞了十多年。

中国改革开放后——缓慢发展期（1978年至1998年）

改革开放，中国动画终于又迈开了沉重的步伐，但是带来的滞后是无法改变。这一段时期，中国动画的发展不再有了建国初的强劲气魄，虽然动画产量又开始回复，每年有许多动画制作出来，但是当年的开创精神已经不复。这个表现在很多方面：其一，不再探索新的动画形式，现在见到的，也就是建国时候的那几种传统艺术动画了；其二，可能是因为成本太高，水墨动画几乎不再做了，20 年中只做出来 1 部；其三，由于根深蒂固的思想"动画片就是小孩子看的东西"，没有在动画的取材方面作出突破；其四，时期，中国许多动画人才流失了，而改革开放初期，又不能马上找到这方面的人才等等。1977 年开始恢复了创作生产。从结束到 1984

年的 8 年时间里，共拍摄了一百多部影片。在题材内容、艺术形式和制作技巧等方面，取得新的成果。由于实行开放政策，扩大对外交流，使中国美术电影的国际影响日益扩大。1979 年为庆祝建国 30 年而摄制的《哪吒闹海》，是一部宽银幕动画长片，这部被誉为"色彩鲜艳、风格雅致，想象丰富"的作品，在国外深受欢迎。它以浓重壮美的表现形式再一次焕发出民族风格的光彩。木偶片《阿凡提的故事》（种金子）也是一部出色的影片，造型夸张，语言幽默，生动地刻画了新疆维吾尔民族的一个传奇人物，后来发展为多集系列片。动画片《三个和尚》是一部精彩的作品，篇幅虽短，寓意深刻，它既继承了传统的艺术形式，又吸收了外国现代的表现手法，是发展民

《哪吒闹海》

族风格的一次新的尝试。动画片《雪孩子》体现出一种高尚的精神；水墨动画《鹿铃》抒发了友爱之情，这两部影片都受到好评。这一时期的剪纸片在美术形式上丰富多彩。《南郭先生》表现了汉代的艺术风格、格调古雅。《猴子捞月》使剪纸片造型产生茸茸的质感，创造了一种新的形式。利用这种形式，又拍摄了水墨画风格的剪纸片《鹬蚌相争》，形式优美、内容诙谐，动作细腻生动，丰富了剪纸片的艺术风格。《火童》把装饰性造型和民族艺术特点熔于一炉，风格奇丽新颖。动画片《夹子救鹿》，淡雅而抒情，具有敦煌壁画的古朴风格。剪纸片《草人》是模拟中国工笔花鸟画的形式摄制而成，别具一格。动画片《女娲补天》用简练概括的形象表现了人们想象中的上古时代，艺术形式有所创新。那时创作上的重点，放在发展系列美术片上。

13集的剪纸片《葫芦兄弟》（1986—1987年制作），源自一个民间故事。13集的动画片《邋遢大王奇遇记》是一个较有想象力的长篇童话。《奇异的蒙古马》是根据英国作家韩素英的剧作改编拍摄的6集动画片，表现了一匹野马的思乡之情，洋溢着国际间的友谊。《擒魔传》是一部木偶连续片，把舞台木偶艺术与电影手法结合起来，展现了《封神演义》故事的浩大场面。再如1983年的《天书奇谭》、198—1987年的《黑猫警长》、1989—1992年的《舒克和贝塔》、1990—1994年的《魔方大厦》等，都是非常精彩的动画。但是这个时期的中国动画都有一个共同的缺点，就是太过幼稚化了。中国人心中"动画片就是小孩子看的东西"的观念始终没有抛开，造成这些动画即使是初中生来看，都会觉得不太适合。

117

- 新中国建国50周年后——探索尝试期（从1999年至今）

国外动画的不断引进，中国动画界终于知道了自己的不足，于是开始了各种探索与尝试。1999年中国制作的大型动画《宝莲灯》就是尝试之一，吸收国外制作方法与经验，结合中国传统神话传说；1999年中国制作的大型长篇动画。

《西游记》也可以算是尝试之一；1999年开始制作的52集长篇动画《我为歌狂》、52集长篇动画《白鸽岛》与100集长篇动画《封神榜传奇》，也是中国动画业的尝试。其中《我为歌狂》已于2001开始播出，其仿照日本动画《篮球飞人》

制作中国自己的动画作品，虽然作品本身似乎不太受好评，但是尝试的形式还是非常好的。另外两部作品现在还没有太多相关资料，不知道其具体情况。2005年中国第一部原创三维动画《魔比斯环》在全国电影院上映，这是一部完全由电脑CG技术制作完成的动画片，是中国首部从内容风格、制作技术到市场运作都完全与国际接轨的三维动画电影，由深圳环球数码公司出品。虽然最终票房并不理想，但这部片子的尖端画面让美国迪士尼、皮克斯等动画公司大为吃惊。另外，近年制作的《喜羊羊与灰太狼》很受小朋友喜爱。

《我为歌狂》

118

中国动画之最

中国第一部系列剪纸动画片《葫芦兄弟》（1987 年）

第一届中国电影"金鸡奖"最佳美术片奖获奖影片《三个和尚》（1980 年）

中国第一部水墨剪纸片《长在屋里的竹笋》（1976 年）

中国第一部彩色宽银幕动画片《哪吒闹海》（1979 年）

中国第一部彩色木偶长片《孔雀公主》（1963 年）

中国第一部折纸片《聪明的鸭子》（1960 年）

中国第一部水墨动画片《小蝌蚪找妈妈》（1960 年）

中国第一部立体电影木偶片《大奖章》（1960 年）

中国第一部彩色动画长片《大闹天宫》（1961 年、1964 年）

中国第一部彩色剪纸片《猪八戒吃西瓜》（1958 年）

第一届《大众电影》"百花奖"最佳美术片奖获奖影片《小鲤鱼跳龙门》（1958 年）

新中国第一部彩色动画片《乌鸦为什么是黑的》（1955 年）

中国第一部童话题材的动画片《谢谢小花猫》（1950）

中国第一部黑白大型动画电影动画片《铁扇公主》（1941 年）

中国第一部有声动画片《骆驼献舞》（1935 年）

中国第一部动画片《大闹画室》（1926 年）

新中国第一部木偶片《皇帝梦》（1947 年）

中国第一部在国际上获奖的动画片《神笔》（1956 年）

中国在国际上获奖最多的动画片《神笔》（1956 年）

中国第一部系列动画片《邋遢大王奇遇记》（1986 年）

中国第一部系列科普教育动画长片《海尔兄弟》（1995 年）

中国第一部长篇系列动画片《西游记》（1998 年）

中国第一部青少年校园音乐题材的动画片《我为歌狂》（2000 年）

中国第一部历史纪录动画片《中华五千年》（2009 年）

中国第一部 3D 系列动画片《玩具之家》又名《老箱子和小电脑》已绝版

中国第一部中、蒙两国艺术家主创少数民族题材动画片《巴拉根仓传奇》（2010 年）

中国第一部灾难题材动画电影《今天明天》（2012 年）

● 互联网与电视

互联网正在改变电视收视习惯 ＞

2012年，互联网电视迅速发展。观众的收视习惯也开始从被动地收看各频道安排好的电视节目，变为主动选择自己喜欢的电视剧和电影。大量电视内容可以第一时间出现在互联网电视平台：用户完全不必担心互联网电视内容的充足与及时性。

截至2012年2月底，互联网电视终端用户数量已达2000万，但互联网电视的应用情况并不容乐观。调查显示，互联网电视活跃用户（平均每天开机1小时以上）比例不到10%。互联网电视（遥控器）操作不便、部分地区互联网接入带宽过低以及互联网电视内容缺乏特色是主要原因。目前，这一状况已经开始改变。

一方面，电视终端性能得到了大幅度的提升。目前电视或电视机顶盒已经走进了智能化时代，一些芯片商已经将电视机顶盒的CPU升级到ARM架构的双核A9处理器，并采用Android4.0操作系统，让原本只能进行视频播放的电视开始具备了更多功能。越来越多电视厂家推出了具有语音控制、手势识别等功能的智能电视新品，甚至推出无线键盘以及电视与移动终端的多屏互动，操作性得到了大幅提升。

另一方面，网络环境在进一步改善。从2012年开始，典型运营商大幅提升了网络速度，4M乃至10M宽带开始普及。播放技术也进一步优化，3月的CCBN展会上，优朋普乐自主研发的高清视频编解码技术，已经实现了1.26M码流流畅观看720P高清，

网络电视播放机

3.5M码流看1080P全高清，为互联网电视的商用扫清了技术障碍。

互联网电视内容也更加丰富。2011年3月，互联网电视平台服务提供商优朋普乐与互联网电视牌照运营商南方传媒成立合资公司南广影视，面向用户推出云视听互联网电视平台。随后，笔者从优朋普乐了解到，目前优朋影视点播平台已拥有电影4000余部、电视剧25000余集，2012年，优朋普乐还将加大在自制剧方面的投入，进一步满足个性化的市场需求。2012年成为互联网电视元年已成为业界共识。

观众收视需求转变本世纪初，随着PC的迅猛发展以及互联网的普及，互动性强、选择自由度高的网络视频逐步分流电视观众尤其是年轻电视观众转向PC和视频网站，让电视逐步沦为家庭娱乐的配角，处境尴尬。但是PC固有的小屏幕劣势影响了观众的收视体验，也给互联网电视带来了新的机会。

随着智能电视终端技术的发展和互联网电视业界的努力，面对要求日益苛刻的观众，具有更佳收视体验的互联网电视也开始赢得电视观众的眼球。

据了解，截至目前使用南方传媒与优朋普乐播控平台的互联网电视用户数量已经超过了200万，覆盖人群超过600万。另据从某互联网电视一体机生产商了解到，通过与优朋普乐的合作，目前互联网电视提供的影视剧在线点播内容非常丰富，影视节目多达几千部，用户接受程度比较高，已经在业界形成了一定口碑。

继优朋普乐联手南方传媒之后，乐视网、PPTV、腾讯先后与中国网络电视台（CNTV）合作，布局互联网电视业务。传统IT企业也意图在互联网电视领域分一杯羹，推出智能电视产品，涉足电视领域。

2012年，互联网电视真正走入快车道，而互联网电视的应用，也将不止是看电视这么简单。

新的电视收看方式——网络电视 〉

• 网络电视收看节目新方式

随着宽带网络的普及，带宽达到 1M 的家庭 ADSL 拨号上网也能够比较流畅地收看在线视频节目了。从早期的收费"在线影院"到现在完全免费的网友互动视频门户网站，虽然一直受到版权保护问题的压力，但还是有很多运营商坚持了下来，从门户网站到私人网页，很多都提供了各类形式的在线视频服务，这就说明从纯技术角度出发，一台连接宽带的电脑就可以收看视频节目了。只不过传输的路径从有线电视变为互联网，用户不必缴纳电视收看费用，也不必花钱购买电脑硬件进行改装，几乎称得上零成本使用，唯一需要注意的就是如何找到能够保证流畅播放的"频道"。

• P2P技术令网络电视普及

当前中国网络视频领域主要有两类主流运营商模式，第一类是视频分享模式，比如大家熟知的土豆网、优酷网等。这类网站的内容基于网友自发上传的原创自拍或其他视频内容的节选，实际上也能找到很多电影和电视剧，但也很难满足收看比赛实况的需要。

第二类是网络电视模式与视频分享网站的最大不同在于使用了 P2P 即点对点技术，这种技术可以在有限带宽和存储资源的情况下，实现数据资源的分享。P2P 技术最早应用于文件资料的分享，如 BT、电骡下载等。最近几年开始应用于在线视频播放。很多专用网络电视软件像 PPLIVE、PPS 都是基于这项技术。经过实测，能实现流畅播放，直播电视节目的延迟仅有 2 分钟左右，基本做到了和电视同步。

正确看电视

电视综合征 ⟩

电视综合征又称"电视病"，是由于长时间看电视而引起的一系列不适反应的总称。包括长时间地看电视造成的颈部软组织劳损致酸痛不适；下肢酸胀，麻木甚至痉挛，在老年人中最易发生；植物神经功能紊乱，出现头痛、头晕、失眠多梦、心烦意乱；因静电污染面部皮肤斑疹等。

英国一家健康研究中心，在归纳了几千份病历后提出一个结论：只要你每天看电视平均3小时以上，就可能患上"电视综合征"。目前，大约有50种疾病与看电视有关。较严重的有以下几种。

斑疹：这是由于电视荧光屏表面聚集的灰尘借光束的传递射及人们的面部。如不时常清洗面部皮肤，就会产生难看的斑疹；

癫痫：在西方十分多见，估计每1万人中就有1人患此病。在我国近年来也有报道，在敏感的病人中，2/3有电视诱发性癫痫发作。

干眼病：长时间盯着荧屏，会使眼球充血，更会使眼球视网膜的感光功能失调，同时还会出现眼球干燥，引起视觉障碍，造成植物神经紊乱。

感冒：因坐电视机前时间多，户外活动时间少，缺乏阳光浴，呼吸不到新鲜空气，使人血液运行不畅，躯体活动不灵，不能适应室内外环境，机体抗病免疫力降低，所以很容易患感冒。

肥胖症：看电视使人体力消耗减少，皮下脂肪堆积；看电视时还会不限制地吃高能量的零食，另外电视中的食品广告有增进食欲的作用等。

电视腿：看电视久坐使下肢血液回

BIESHUONIDONGDIANSHI

流受阻，产生胀、麻、疼等症状；因静脉血管壁薄，易受压，导致血流受阻，促进血凝过程，下肢静脉血栓形成，形成电视腿。

尾骨病：长时间坐在电视荧屏前，会出现程度不一的尾骨部疼痛症状，有时向臀部和大腿放射，叫"电视性尾骨病"。

肠胃病：一边看电视一边吃饭，往往兴致勃勃、全神贯注，忘了或不想吃饭，看完后又往往来个"吃饱撑足"，这样"一饥一撑"，既有损于胃，也易造成"胃生物钟"失调。美国医学家华莱士最近的研究结果证实，长时间接受彩电射线辐射会造成胃功能失衡。

此外，经常看电视亦可发生电视迷综合征，它是由于迷恋于电视所引起的心理和生理上的征候群，尤以3—15岁的

儿童为多见。究其原因是儿童的脑神经功能不健全，缺乏思维分析识别能力。这种病症的主要表现是：时刻想看电视，一看就是几个小时，性格孤僻，不关心周围的人和事，仅喜欢模仿电视中人物的动作、语言，特别是爱模仿武打、凶杀、妖魔等动作，甚至发展到出现自言自语、手舞足蹈、一会儿唱、一会儿哭等反常现象。

正确的看电视方法 ＞

一是看电视时应开窗：据国外环保部门的一项调查指出，电视机和带有荧光屏的设备如电脑等，可以产生一种叫溴化三苯并呋喃的有毒气体，据测定，一台电视机连续使用三天后，在房间里每立方米空气中这种有毒气体可达2.7微克，

相当于一个十字街口测得的溴化苯并呋喃。新的电视机的荧光屏所产生的这种有毒气体则更多，因此，看电视应保持室内空气流通，以便驱散电视荧光屏所产生的有毒气体，避免对人体健康造成危害。

二是电视机摆放的高度要合理：即其高度最好与视线处于同一水平，这样可防止长时间抬头、低头或弯腰等不适，对保护视力有好处。一般地说电视机的高度不要超过1.3米，因为坐在椅子上的视平线高度一般男子为1.18米，女子为1.11米。

三是看电视时宜开盏灯：以5—8瓦的日光灯或台灯为宜，且以侧射的红色灯光最好。因为人眼里的杆状细胞内含有一种特殊的感光物质—视紫质，如感光过久，视紫质会减少，眼睛视物不清，干燥不适。而红光对视紫质不起分解和破坏作用，不仅能避免或减少上述症状，而且能保护视力。

四是不要边看电视边吃饭：因为这样会把注意力集中在电视节目上，吃饭不是狼吞虎咽，食之过急，便是漫不经心，把就餐的时间拖得很长，长久如此，会使食欲降低，消化器官的功能减弱；亦不要吃完饭马上去看电视，以免影响食物的消化和吸收。

五是久看电视宜常饮茶：此因电视机工作时，由于大能量高速电子轰击荧光屏会产生一些X射线。这种X射线虽然十分微弱，但如近距离长时间地观看电视也会受到它的危害，而饮茶能消除放射性物质对人体的危害作用。因为，茶叶中的茶多酚类物质，能吸收放射性物质锶90；茶叶中的脂多糖物质，对造血功能也有明显的保护作用，因而能够抵抗辐射，增加白血球。

六是看电视的距离要适当：一般，以距荧光屏长度4—5倍远的地方为宜，距电视机太远、太近都会使视力的调节组织过于放松或过于拉紧，对眼睛不利。距离太近，眼睛容易疲劳；距离太远，图像模糊不清。此外，电视不要开得太亮或太暗，太亮会刺眼，太暗看不清楚图像。

七是要注意看电视的姿势：既不能仰着看，也不能躺着看，应该端正坐视。

看电视时，最好坐在椅子上，高低要适中，因为椅子有靠背，坐着不容易疲劳。在节目的间隔时间里，应站起来走动走动或者变换一下姿势。

八是要看完电视应洗脸：据测试，电视机开启后，荧光屏附近的灰尘比周围环境的灰尘多，灰尘中的大量微生物和变态粒子过多的和长时间附着于人的皮肤，可导致皮肤病。因此，看完电视后要洗脸洗手，而且不要离电视太近。

九是看电视要有节制：看电视时间不要太长，尤其是老年人和儿童。老年人

在连续看电视半小时后要闭目养神或做眼眶按摩；儿童长时间静坐，势必会减少孩子的自由活动和动脑动手、探索知识的宝贵时间，这对孩子的身心健康肯定是不利的。此外，儿童眼睛的调节功能比成人差得多，不宜长时间劳累。

十是常看电视要注意补充营养：医学研究表明：人每看1小时电视所消耗的视紫质需要休息半小时才能恢复，而合成视紫质的原料是维生素A和蛋白质，因此，经常喜看电视者，要多食含维生素A和蛋白质丰富的食物，如胡萝卜、牛奶、鸡蛋、鱼肝油、猪肝、西红柿、橘子、红枣、豆制品等。

预防电视综合征的措施 >

广大青少年是看电视的最大群体，长期沉迷于电视、依赖于电视，会损害心理和生理健康。预防"电视综合征"就显得尤为重要，应当从以下5个方面做起：

第一，不要边看电视边吃饭。注意力都集中在电视节目上，吃饭就容易狼吞虎咽、漫不经心，或使就餐时间拖得很长。这既不利于消化，也会降低食欲。

第二，不要在太暗的环境下看电视。晚上看电视时，最好开一盏5到8瓦的日光灯或台灯，以侧射的红色灯光为宜，因为红光不仅能避免眼疲劳，还能保护视力。

第三，看电视的距离不要太近。近距离盯着电视不但会损害视力，还会使人体受到电视屏幕的辐射。想要找到与电视的最佳距离，不妨对着屏幕伸直手臂，手掌横放，并和眼睛放在同一个水平线上，闭上一只眼睛，如果手掌正好能把电视屏幕遮挡住，即是看电视的最佳位置。

第四，看电视时的姿势不要太惬意。无论是仰着看，躺着看，还是半躺着看，都不利于颈椎和脊柱的健康。看电视时，最好端坐在椅子上，并适时站起来走动或者变换一下姿势。

图书在版编目（CIP）数据

别说你懂电视/潘丽娜编著. -- 北京：现代出版
社，2016.7（2024.12重印）
ISBN 978-7-5143-5221-4

Ⅰ.①别…　Ⅱ.①潘…　Ⅲ.①电视接收机—普及读物
Ⅳ.①TN948.5-49

中国版本图书馆CIP数据核字（2016）第160835号

别说你懂电视

作　　者：潘丽娜
责任编辑：王敬一
出版发行：现代出版社
通讯地址：北京市朝阳区安外安华里 504 号
邮政编码：100011
电　　话：010-64267325　　64245264（传真）
网　　址：www.1980xd.com
电子邮箱：xiandai@cnpitc.com.cn
印　　刷：唐山富达印务有限公司
开　　本：700mm×1000mm　1/16
印　　张：8
印　　次：2016年7月第1版　2024年12月第4次印刷
书　　号：ISBN 978-7-5143-5221-4
定　　价：57.00 元